제로(0)의 불가사의

탄생에서 컴퓨터 처리까지

호리바 요시카즈 지음
임승원 옮김

BLUE BACKS
韓國語版

0の不思議
誕生からコンピュータ処理まで
B-935 ⓒ 堀場芳數
1992
日本國·講談社

【지은이 소개】

호리바 요시카즈(堀場芳數)
1916년 도쿄 태생. 도쿄물리학교(현 도쿄이과대학) 수학과 졸업. 오랜 세월 공·사립고등학교에서 교편을 잡다. 일본 수학사학회 회원. 전 일본수학교육학회연구부 간사. 학생시절에 유명한 수학자인 사사베 데이이치로, 미카미 요시오, 후지노 료유, 야노 겐타로 선생에 사사하였고 특히 수학사의 연구를 계속하고 있다. 저서로는 다수의 학습참고서, 도감(圖鑑) 이외에 『건설계의 수학사전』, BLUE BACKS 시리즈인 『원주율 π의 불가사의』, 『허수 i의 불가사의』, 『로그 e의 불가사의』가 있다.

【옮긴이 소개】

임승원(林承元)
1931년 경기도 평택 출생
경복고등학교 졸업, 서울대학교 공과대학 화학공학과 졸업.
(주)럭키 공장장, 럭키엔지니어링(주) 이사 역임.
역서에 『신기한 화학매직』, 『수학·아직 이러한 것을 모른다』, 『괴델·불완전성 정리』, 『생명과 장소』 등이 있다.

머리말

'제로'!! —— 얼마나 좋은 여운(餘韻)인가. 제로라고 듣는 것만으로 무언가 심원(深遠)한 철학적인 이미지가 솟아나는 것은 필자가 생각에 잠기는 것을 유달리 좋아하기 때문일까.

우리들은 '영(零)'이라는 것보다 이탈리아어인 zero에 친밀감을 갖고 동시에 우리말처럼 아무 저항도 없이 0는 일상생활 속에 동화되어 있다.

영(零)은 영(靈)과 음이 같고 어쩐지 우울하고 음침하게 느껴지나 제로 쪽은 어감이 밝고 동시에 뚜렷하다.

0는 인도에서 기원전에 그 존재가 알려져 있었다. 5~6세기가 되어서 ●이 되고 15세기경 현재의 형태로 되어 완성되었다.

그러나 일설에 따르면 876년에 발견되었다고 일컬어지기도 한다.

그후 산용(算用)숫자, 즉 1, 2, 3, …… 과 함께 아라비아의 상인을 통해서 스페인 사람의 손을 거쳐 유럽 전역에 퍼진 것 같고 일본에는 막부 말부터 메이지 시대에 걸쳐서 들어왔다.

우리들은 산용숫자에 대한 것을 '아라비아숫자'라 부르는 일이 많았지만 최근에는 발견자인 인도사람에게 경의를 나타내는 의미로 '인도아라비아숫자'라 말하게 된 것 같다.

제로는 태양의 형태 ○을 나타내고 초기에는 ●을 사용하고 있었다는 기록도 있으나 그후 형태가 여러 가지로 변화하여 현재와 같은 세로로 긴 '타원형'인 0으로 된 것이고 인도의 수학자들

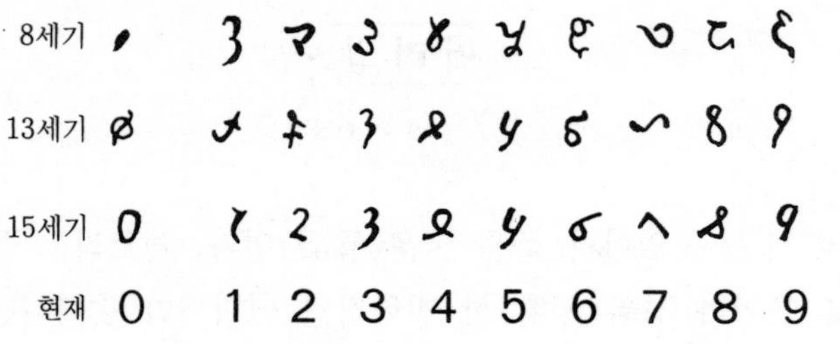

8세기

13세기

15세기

현재 0 1 2 3 4 5 6 7 8 9

인도아라비아숫자의 변천

이 〈신비적인 것〉이라 생각하고 있었던 것은 틀림이 없다.

현재도 아라비아숫자의 '일'은 1, '십'은 ●인 것도 무언가 관계가 있는 것은 아닐까.

한편 세계 각지에서 여러 가지 형태의 숫자, 즉 양의 정수 ── 자연수(1, 2, 3, ……) ── 가 고안되어 오랜 동안 사용되어 왔으나 제로의 발견은 전혀 없었던 것 같다.

현대과학의 기초인 '미적분의 탄생'도 그럴만하지만 인도에서의 '제로의 탄생'[수치의 자릿수를 정하는 기수(記數)법]이 수학, 아니 과학 전체, 기술공학 나아가서는 전세계의 온갖 방면에서 우리들 인류에게 얼마만큼 위대한 은혜를 가져왔는지 헤아릴 수 없다.

고대 인도의 대수학자들의 노력에 감사하는 것은 필자 한 사람만은 아닐 것이다.

여기에 제로의 수학상의 훌륭함과 그 신비적인 면을 소개하여 여러분과 함께 생각하고 인도의 대수학자들에게 감사의 뜻을 나타내 보기로 하자.

이 책을 읽고 한 사람이라도 많은 사람이 제로가 수행하는 역할을 알고 발견자인 인도의 대수학자들의 노고를 조금이라도 추모한다면 필자로서는 이 이상의 만족은 없다.

호리바 요시카즈

차 례

1

인간사회와 제로

▩ 1·1 0번선과 0번 개찰

언제, 어디에서였는지 0번선이라 적힌 철도의 플랫폼을 보았다. 일본국철(國鐵)인지 사철(私鐵)인지 분명치는 않지만 머리가 좋은 역무원도 있구나라고 감탄한 일을 기억하고 있다.

제로는 수의 크기 외에 빈자리를 나타내는 기호라는 것은 독자도 이미 알고 있는 대로이다. 주판의 빈자리는 주판알을 놓지 않음으로써 교묘하게 표현하고 있다.

그러나 고래로부터의 세계각지의 숫자, 즉 '기수법(記數法)'에는 제로를 나타내는 것은 없었다. 이에 대해서는 다른 절에서 상세히 언급하기로 한다.

철도에 대한 것은 이용만 할 뿐이고 아무것도 모르는 필자지만 30여 년 동안 이용하고 있는 세이부·이케부쿠로선(西武池袋線)의 예를 보면 도심을 향하는 '상행선'에서 보는 한, 우측으로부터 1번, 2번 …… 으로 되어 있음을 알 수 있다.

이것은 오른쪽부터 쓰는 한자(漢字)의 세로쓰기의 습관이 남은 것인지, 무언가 이유가 있어서 그렇게 하고 있는 것인지, 필자는 잘 모르겠다.

만일 가장 오른쪽에 다시 플랫폼을 만든다고 하면 모든 순번을 차례로 다음으로 물려서 새로운 플랫폼을 1번으로 하지 않으면 안된다. 그러나 오른쪽 끝에 0번 플랫폼을 붙이면 혼란이 없고 간단하며 물론 비용도 절약된다. 무엇보다도 기준을 바꾸지 않아도 된다는 것이 큰 장점이다.

그런데 간사이(關西) 지방의 사설철도에는 일찍부터 도입되어 있던 자동개찰이 간토(關東) 지방 곳곳에서도 볼 수 있게 되었다.

국철을 비롯하여(전부는 아니지만) 사철에서도 일부의 역에서

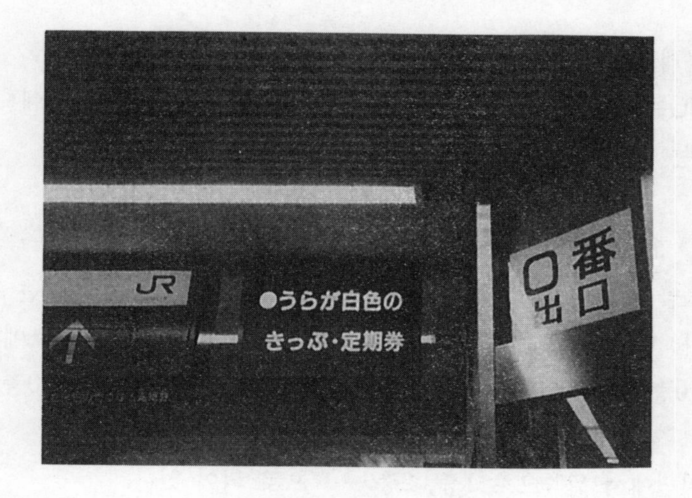

0번 개찰구

볼 수 있게 되어 간단하고 인건비의 절감이 된다.

그런데 자기(磁氣)가 있는 차표, 즉 뒷면에 흑색 또는 갈색의 줄이 있는 차표는 괜찮다 하더라도 회수권이나 오래된 형의 뒷면이 백색인 차표는 역무원의 손을 빌려서 통과한다.

이 개찰구에 '0번 개찰'이라 적혀 있는 곳이 있는 것 같다. 아마 임시적인 것인지도 모르지만 재미있는 제로의 이용이다.

장차 '바·제로', '제로·레스토랑'이 생길지도 모른다. 그러나 공짜로 마시고 먹도록 해준다고 착각하면 곤란하지만.

아무튼 제로를 더 많이 이용하여도 괜찮지 않을까?

그런데 제로를 장난으로 'BC'라고 말한 시대가 있었다. 이것은 한자 '只(역주 : 일본어로서 발음은 '다다'이고 '공짜'라는 뜻임)'를 일본 가다카나인 'ロ, ハ'로 읽은 것인데 イロ̇ハ̇를 AḂĊ로 바꿔 놓아 ロ, ハ를 B, C라 하여 필자가 학생시절(아주 옛날)에는 의기 양양하게 'BC'를 연발한 것이다.

BC는 남에게 얻은 물건으로도 뜻이 통하고 여성의 구애(求愛)는 물론 선물 없음의 BC였던 것 같다.

▩ 1·2 층수와 세기(世紀) 번호에도 0가 있는가?

조금 우습다고 생각하는 것은 일본의 건물에 0층이 없다는 일이다. 미국에서도 마찬가지인 것 같다. 그러나 영국, 프랑스에서는 0층이 있다. 일본·미국의 1층은 영국·프랑스에서는 0층이 되고 일본·미국의 2층은 영국·프랑스의 1층이 된다.

지면에서 위쪽으로 1층, 2층 …… 으로 되어 있다.

높이 381m, 102층의 엠파이어 스테이트 빌딩 등은 필자가 소년시절부터 흔히 들은 것이다. 엘리베이터가 멈춘다면 이 102층을 오르내리는 데에 걸리는 시간은? 등을 생각해 보기도 하였다.

지하쪽은 지하 1층, 지하 2층, …… 으로 되어 있고 이것은 마이너스 1층, 마이너스 2층 …… 을 말한다.

마찬가지로 서력연수(西曆年數)에도 '0세기'라는 것은 없다. 피타고라스(B.C.572~B.C.492)라든가, 유클리드(B.C.330?~B.C. 275?)라고 말하는데 피타고라스는 기원전 3~4세기가 되고 카르다노(1501~76), 뉴턴(1642~1727)에서는 카르다노는 16세기, 뉴턴은 17~18세기의 사람이라는 것을 말한다.

즉 B.C.99~B.C.0까지가 B.C. 1세기, 기원후는 0년~99년이 1세기(서력 100년은 2세기)가 되고 제로 세기는 어디에도 존재하지 않는다.

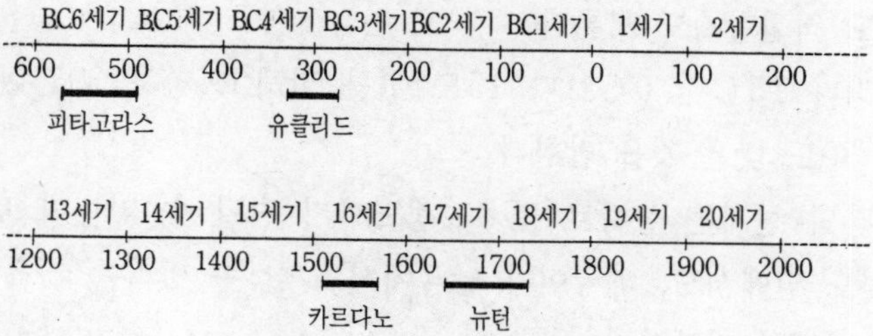

B.C.6세기 B.C.5세기 B.C.4세기 B.C.3세기 B.C.2세기 B.C.1세기 1세기 2세기

600 500 400 300 200 100 0 100 200

피타고라스 유클리드

13세기 14세기 15세기 16세기 17세기 18세기 19세기 20세기

1200 1300 1400 1500 1600 1700 1800 1900 2000

카르다노 뉴턴

▒ 1·3 온도계와 제로

zero를 영일사전에서 찾아보면,

「영위(零位), 영선(零線), 영점(零點) : 온갖 종류의 측정량의 기점(基點) ; 0를 중심으로 하여 ＋와 －의 방향으로 측정의 눈금을 붙이다」로 되어 있다.

분명히 말하면 '제로보다 위는 플러스, 제로보다 아래는 마이너스'라는 것이다.

그 밖의 양(量)에도 양(陽)·음(陰)이 있는 것이 여러 가지 있지만 예외 없이 온도에도 양과 음이 있다. 우리들의 일상생활에 있어서도 기온은 중요한 요소의 하나일 것이다.

'극한(極寒) 영하 30℃'라든가 하는 말도 있는데 북쪽의 홋카이도(北海道)에서는 그러한 일도 있는가라고 생각하면 '상하(常夏)의 하와이'라는 등 여정(旅情)을 자아내는 표현도 있다.

일본은 사면이 바다로 둘러싸여 있기 때문에 습도가 높아 조금 고온이 되면 몹시 무덥게 느껴진다. 대륙처럼 또 사막지대처럼 수분이 적은 지역에서는 혹서는 있어도 무더위는 없을 것이다.

상온이라면 사람에 따라 다소의 차이는 있겠지만 15℃, 즉 섭씨 15도 정도가 아닐까. 봄, 가을의 좋은 기후가 우리들의 신체로서도 적절할지도 모른다.

그러나 15℃란 0℃보다 15도 위를 말하고 영하 30℃란 0℃보다 30도 낮은 것을 말한다.

인간의 신체는 상하로 몇 도 정도까지 견딜 수 있는지 모르지만 적도 밑에서도, 북극이나 남극에서도 살 수 있다는 것을 생각하면 대단한 적응이다.

그를 위해서는 방서(防署), 방한(防寒)이 갖추어진 주거(住居) 및 의류의 덕분도 클 것이지만 동물 등은 그러한 도움이 없어도 끄떡없이 살고 있다. 극지(極地)나 고산(高山)에 자라는 이끼(지의류 등)는 추위에 가장 강한 성분이라고 하는데 이것 또한 대단한 것이다.

"떡은 떡집에 맡겨야 한다"처럼 온도에 관한 전문적인 내용은 전문서적에 맡기기로 하고 여기서는 0℃를 기준으로 하여 상하로 온도가 측정되고 있다는 것만을 강조해 둔다.

1·4 순금은 (100−0)%인가?

최근에는 순금의 잉곳(ingot)이 한창 팔리고 있는 것 같다. 필자 어머니의 소녀시대에는 '1리전(厘錢)'이라고 하는 지금의 1엔 알루미늄화(貨)보다 얇은 적갈색의 화폐, 또는 에도 시대부터 사용하고 있었던 '1문전(文錢)', 즉 한복판에 4각의 구멍이 뚫린 천보전(天保錢)과 같은 것 1개로 '눈깔사탕' 1개를 살 수 있었다.

그러나 필자의 소년시대가 되어서는 '1전 동화(銅貨)' 1개로 '눈깔사탕' 1개였다. 즉 어머니 시대의 10배이다. 최근에는 눈깔사탕 1개에 얼마인지 모르지만 아마 '몇 엔'이나 하는 것이 아닐

순금 1kg. 중량의 999.9 표시에 주의할 것

까.

다른 절에서도 쓴 것처럼 필자 소년시절의 일본 국가예산은 23억 엔으로 기억하고 있다. 최근에는 몇 십조(兆) 엔, 아니 그 이상의 규모로 국가예산이 편성되어 있는 것 같다. 이러한 동안에 '경(京)'이라는 큰 단위를 사용하게 될 것이다.

이야기가 본 줄거리에서 벗어났는데 왜 순금의 잉곳이 좋은가. 근본은 변질하지 않는다는 화학적 성질에 있다. 게다가 자산을 유리하게 운용하기 때문에 귀중한 보물취급을 받고 있는 것이다.

그렇게 말하면 면세(免稅) 때문에 점점 인기가 있는 '순금의 불상(佛像)이 가장 좋다'라는 것도 들은 적이 있다. 부처님도 이식(利殖)에 이용된다는 것은 한심스럽다.

이제 본론의 순금이야기인데 '순(純)'이라고 형용사가 붙어 있지만 100% 금이라고는 적혀 있지 않다. 즉 99.9999… 라고 9가 몇 개씩이나 늘어서 있는 것같이 보인다. 아무리 제련(製鍊)의 기술이라 할까 연금술이 발달하여도 100%의 금이란 원래 만들 수 없는 것이 과학의 진실이다. 실용상 "다소의 섞인 것은 참아라"라는 것이다.

따라서 (100－0)%는 아니고 이상적으로는 100－0.00……011로 제로가 몇 개나 붙는 숫자를 빼서 99.999…%라고 하는 것이다. 그렇지만 실제로는 소수점 이하의 9가 기껏해야 2개(즉 99.99) 정도일 것이다.

1·5 어조 맞추기와 제로

딱딱한 이야기를 빼고 이러한 이야기를 해보자.

옛날 옛날 어느 곳에 유명한 수학자 '히후미요고로(火踏與五郎)'라는 사람이 있었는데 자기의 이름을 '一二三四五六'이라 적고 의기양양하였다 한다(역주 : 일본어로 숫자를 셈하는 방법으로 1, 2, 3, 4, 5, 6 … 을 히, 후, 미, 요, 고, 로식으로 호칭하는 방법이 있음).

그로 하여금 말을 하도록 하면 검호(劍豪) 미야모토 무사시(宮本武藏)는 '三八百十六三四'라고 적는 것이 옳다라든가.

최근에는 숫자를 간단히 기억하기 위하여 '어조(語調) 맞추기[고로아와세(語呂合わせ), 역주 : 어떤 글귀의 어조에 맞추어 뜻이 다른 말을 만드는 말장난]'라는 것이 유행하고 있다.

여기서는 제로(영)에 대한 '어조 맞추기'를 소개한다. 제로는 일본어로 '제로', '레이(레)' 이외에 '오', '마루(마)', '무', '와'로 읽을 수 있다.

우선 한 자리의 제로(0)는 다음과 같이 될 것이다. 예를 보여주겠으니 널리 이용하기 바란다.

1. 오오 ex. 030[오오사마, 王樣(임금님)], 01(오－이)
2. 마루 ex. 014(마루이요, 둥글다), 09(마루쿠, 둥글게)
3. 레이 ex. 091(레이기, 禮儀), 04(레이욘, rayon)

4. 와 ex. 04 (와시, 和紙), 05(와코우도, 젊은이)

5. 무 ex. 03 (무미, 無味), 04(무시, 無視)

이어서 두 자리의 제로제로(00)는 어떠한가.

1. 오레이 ex. 004 (오레이요, 謝禮야)

2. 와아와아 ex. 0039 (와아와아사와구, 와아와아 떠든다)

3. 마마 ex. 003 (마마상, 어머님)

4. 오오오오 ex. 0044 (오오오오요시, 오 좋아)

5. 마루와 ex. 0041 (마루와 요이, 동그라미는 좋다)

세 자리의 제로제로제로(000)는 다음과 같다.

1. 와레와 ex. 0001 (와레와이치방, 나는 최고)

2. 오레이와 ex. 0005 (오레이와 이이, 사례는 괜찮다)

3. 마루마루와 ex. 0007(마루마루와 나시, 겹친 동그라미는 없다)

위의 어조는 대학입시 등에서 서력 연수(西曆年數)의 기억술에 크게 활용할 수 있다고 생각한다.

1·6 전화번호와 제로

전화번호의 어조 맞추기가 최근 많아진 것 같다. CM(Commercial Message)에도 가끔 등장하기 때문에 그 일부를 언급하기로 한다.

프리 다이얼(free dial) 0120에는 0가 2개나 들어 있다. 그 어조는 여러 가지 형태가 있기 때문에 생각나는 것만 적기로 한다. 독자는 더 좋은 어조를 생각하기 바란다.

순서는 같지 않지만 가장 좋다고 생각되는 것은 '와이프(wife)와(는)'라고 읽으면 순박하고 인상적일 것이다. 그 밖의 것에 대해서는 어느 것도 우열을 가리기 어렵다.

마루이 니와(둥근 정원), 마루이 히토니와(온화한 사람에게는), 마루이 후후니와(원만한 부부에게는), 마루이 후타리니와(원만한 두 사람에게는), 마루이 니혼(둥근 일본), 오이니 마루(크게 동그라미), 나이부나(나이브한, 순진한)…….

이상과 같이 될 것이다. 다음은 지명(地名)이 되는 것으로 제로가 들어간 것을 조금 적겠다.

00(아와, 阿波), 02(오후, 大府), 30(산오, 山王), 40(시마, 志摩), 60(로마), 034(무사시, 武藏)……

등 얼마든지 있다. 또한 시외국번의 머리숫자는 전부 0로 시작되고 있다.

1·7 표고 제로미터

산의 높이나 바다의 깊이는 해면을 제로미터로 하여 상하로 측정한 길이다. "현재 남극의 얼음이 전부 녹으면 해면이 수십미터 상승한다"고 한다. 항구라 불리는 곳, 하구(河口)가 있는 곳은 전부 수몰(水沒)될 것이다.

그런데 매일의 해면의 상승, 하강은 달의 인력도 일부 요인이 되어 조류의 흐름(간만, 干滿)에 따른 것이지만 평균적 해면의 높이를 제로미터로 하고 있을 것이다.

그러나 한편에서는 네덜란드의 어느 지방처럼 해면보다 낮은 곳에 살고 있는 사람도 있다. 도쿄에서도 어떤 구(區)에서는 해면이 올라가 강으로 해수가 역류해 오면 강의 수면보다 낮아지는 곳에 집을 지어서 사람이 살고 있다.

이러한 땅을 '제로미터 지대'라고 하지만 사실은 '마이너스 지대'라고 하는 것이 옳은 것이 아닐까.

일본의 국토는 유럽의 나라들보다 작다고는 생각되지 않는다. 그러나 평지가 적은 일본과 평야가 많은 유럽의 나라들에서는 토지의 이용가치가 다르다. 고지(高地), 이것들을 어떻게든 이용하는 방법을 생각하여 토목건축의 전문가는 앞으로의 대응을 검토할 필요가 있다. 스위스를 본받으면 좋다.

아득히 먼 옛날부터 사람은 물 근처에 살기 시작하였다. 이것은 물이 생활에 불가결의 물질이기 때문일 것이다. 앞으로 고지대에 집을 지으려면 물과의 대응을 최우선으로 하지 않으면 안된다.

듣는 바에 따르면 구미에서는 "빗물을 어떻게 오래 지상에 머무르게 하느냐"를 생각한 것에 반해 옛날부터 일본의 사고방법은 "어떻게 빨리 빗물을 바다로 흘리는가"였다. 앞으로 일본의 물처리의 과제는 이 언저리에 있는 것일까.

더욱이 초고층빌딩을 세워서 지하저장고를 만드는 등, 좁은 국토를 상하 입체적으로 이용하는 방향으로 진행될 것이지만 지진의 나라인 일본, 큰 지진으로도 끄떡없는 건조물을 상정(想定)해 주었으면 한다. 사고가 일어난 뒤에 원인을 규명해도 소용없다.

1·8 파도의 높이가 제로미터

최근 텔레비전의 기상정보를 보면 파도의 높이를 표시하고 있는 것 같다. 파도는 어떻게 하여 일어나는 것일까.

찻잔에 뜨거운 물을 부어서 마시려고 할 때 "후, 후, 불어라"라고 어머니가 아이들에게 흔히 가르치고 있다. 즉 입에서 공기를 불어대면 찻잔의 뜨거운 물의 온도를 내리는 효과가 있다.

그때 뜨거운 물의 표면에 凹凸이 생긴다. 즉 이것이 파도의 원인이다. 따라서 강풍이 불면 파도는 높고 바람이 없을 때는 파도가 잔잔해진다.

조류(潮流)의 흐름은 달 등의 인력과 육지의 형태로 생기는 것이다. 그러나 만조(滿潮)와 바람의 방향에 따라서는 큰 파도가 생기는 것도 생각할 수 있다.

그런데 파도 그 자체만을 생각할 때 그 원인은 주로 바람(물론 기압의 차가 바람을 만든다)이라고 단정해도 될 것이다.

그러나 조류는 육지에 여러 가지 영향을 미치고 있다. 한 가지 예를 들면 영국의 육지, 즉 잉글랜드에 있어서는 북위 50°이북에 있음에도 불구하고 난류(暖流) 덕분에 사람은 비교적 좋은 조건에서 살 수 있다.

같은 북위 50°라도 사할린의 북부 절반은 혹한 속에서 생활하지 않으면 안된다. 이것들은 조류의 관계이다.

파도 관계로 생각할 수 있는 것은 일본 호쿠리쿠(北陸) 지방의 리아스(Rias)식 해안, 즉 육지가 깔쭉깔쭉하게 된 부분은 외양(外洋)으로부터의 파도가 양쪽 해변이 차츰 좁아지는 지형에 의해서 '파도'라고 할까, 수면이 자꾸만 높아져서 커다란 높은 파도가 되어서 밀어닥친다. 이것에 의해서 해일의 피해를 입는 일이 많다.

몇 년 전에 칠레의 지진에 의해서 일본 산리쿠(三陸) 지방에 해일이 밀어닥쳐 큰 피해를 입은 일이 있다.

파도의 전파(傳播)가 빠르다는 것, 이것은 상상 이상의 속도이다. 칠레에서 산리쿠 지방까지 직선 코스라 해도 지구의 큰 원의 위를 지나는 것이지만 20시간 정도로 도달할 수 있는 속도이다.

도쿄와 브라질에서는 지구의 앞면과 뒷면의 관계에 있는데 산리쿠 지방과 칠레의 사이도 그에 가까운 거리에 있다. 제트비행기로 날아도 같은 정도의 시간이 소요된다.

사람은 모두 파도에 대한 사고방법이 무른 것 같다. 파도라고 하는 것은 물의 상하운동에 지나지 않는다. 칠레에 있는 물이 20시간 정도로 일본에 도달할 리는 없다고 생각한다.

즉 물 그 자체는 오지 않지만 파도는 다가온다. '파도의 전달방법'—이것이 진짜 파도인 것이다. 진동이 상당한 속도로 전달되어 오는 것이다.

삼각함수의 사인 커브(sine curve)를 상기하기 바란다. 진폭은 위로도 아래로도 1로서 같다.

파도의 높이 1m를 파도의 진폭 1m라 하면 상하의 차는 2m가 될 것이다. 파도가 올라간 만큼 내려가게 되어 있다.

본론인 파도높이 제로미터란 '파도가 잔잔하다'는 것으로 '바람이 멎어 파도가 잔잔해지는 것'으로 생각해도 될 것이다. 이 제로는 물론 수학에서 말하는 0를 말하는 것은 아니다.

그러나 잔잔한 파도라 해도 잔물결 정도는 허용해 두자. 그와 관련하여 '파도높이 1m'라는 표현은 어떠한 의미일까?

일전에 어느 모임에서 기상청의 선배되는 사람으로부터 들은 바로는 평균수면의 높이, 즉 평균수위(水位)에서 파도의 머리, 바꿔 말하면 파도의 꼭대기까지의 높이를 '파도의 높이'라 한다고 한다.

그러면 파도의 바닥과 파도의 꼭대기에서는 진폭, 즉 파도의 높이의 2배가 된다. 결국 파도의 높이 1m는 높낮이의 차가 2m 있다는 것이다.

▨ 1·9 풍속·풍력과 제로

바람의 신이 커다란 주머니에서 바람을 보내고 있다. 마치 만화와 같은 신의 모습, 이것을 '풍신(風神)'이라 부르고 있다.

지구 표면의 산이나 바다는 높낮이, 깊고 얕은 차이가 있는, 말하자면 울퉁불퉁한 상태이다. 기압의 높낮이도 이것과 마찬가지로 생각해도 될 것이다.

다만, 토지의 높낮이는 시각적으로 분명하지만 '기압의 능선'이라든가 '기압의 골짜기'라고 말을 하여도 문외한인 텔레비전 시청자에게는 단박에 머리에 와 닿지 않는다.

지도를 보면 등고선이 조밀한 곳은 높낮이의 차가 크고, 즉 가파르고 등고선의 간격이 떠있는 곳은 높낮이의 차가 완만하게 느껴진다. 이것과 마찬가지로 기상정보에서 볼 수 있는 기압의 등고선이 조밀한 곳에서는 기압의 높낮이의 차가 커서 급류가 흐르는 곳과 마찬가지로 바람이 강하게 불고 기압의 등고선의 간격이 떨어진 곳에서는 흐르는 물이 완만한 것과 마찬가지로 바람도 잔잔하게 불고 있다.

그런데 풍속은 기드림(streamer)의 기울기에 의해서 감지한다는 것이다.

즉 밑으로 처져 있으면 대체로 풍속 0미터, 45° 정도 옆으로 쏠리면 대체로 풍속 7~8미터이다. 따라서 기드림이 수평으로 쏠려 있으면 그것 이상이기 때문에 풍속은 10미터 정도라고 생각하면 될 것 같다.

풍속 10미터일 때 100km/h로 달리는 자동차는 바람에 수미터가까이 떠내려 간다고 한다. 즉 기드림이 수평으로 쏠리고 있을 때에는 100km/h로 자동차를 운전해서는 위험하다. 안전운전에

보퍼트 풍력계급표

풍력	지상 10m에서의 해당 풍속	지상의 상태
0	0~0.2m/sec	연기가 똑바로 오른다
1	0.3~1.5	바람의 방향은 연기가 쏠리는 상태로 알 수 있으나 풍향계로는 모른다.
2	1.6~3.3	얼굴에 바람을 느낀다. 나뭇잎이 움직인다. 풍향계도 움직이기 시작한다.
3	3.4~5.4	나뭇잎이나 가느다란 나뭇가지가 끊임없이 움직인다. 가벼운 깃발이 펴진다.
4	5.5~7.9	모래먼지가 일어나고 종이조각이 떠다닌다. 작은 가지가 움직이다.
5	8.0~10.7	잎이 있는 작은 나무가 흔들리기 시작한다. 호수와 늪의 물마루가 일어난다.
6	10.8~13.8	작은 가지가 움직인다. 전기줄이 운다. 우산을 받기 힘든다.
7	13.9~17.1	수목 전체가 흔들린다. 바람을 안고 걷기 힘들다.
8	17.2~20.7	작은 가지가 꺾여서 날아간다. 바람을 안고 걸을 수 없다.
9	20.8~24.4	가옥에 가벼운 피해 발생 (굴뚝이 무너지고 기왓장이 벗겨진다)
10	24.5~28.4	그다지 발생하지 않는다. 나무가 뿌리째 뽑히고 건물에는 피해가 많다.
11	28.5~32.6	여간해서 발생하지 않는다. 광범위하게 피해가 있다.
12	32.7~36.9	——

유념하자.

그렇게 말하면 "풍속 10미터에서는 나무의 큰 가지가 흔들린다"라고 예부터 전해지고 있다.

본론인 풍속 제로미터는 무풍을 말한다. 그러나 풍력도 제로라고 생각하였더니 0.2m/sec까지는 '풍력 0'라고 한다.

그런데 앞에서 말한 기상청의 선배로부터 들은 것이지만 풍력의 대소는 대체로 풍속의 대소에 비례한다고 생각해도 괜찮다고 한다. 보퍼트 풍력계급표를 참고로 싣는다.

▨ 1·10 진공지대는 압력 0인가?

영화에도『진공지대』라는 것이 있었던 것 같다. 작가 노마 히로시(野間宏)의 동명(同名) 소설의 영화화이다.

진공이란 '이론적으로는 물질이 전혀 존재하지 않는 공간'이지만 이러한 공간을 실제로 만드는 것은 불가능하기 때문에 기체의 압력이 수은주 1000분의 $1(10^{-3})$mm 정도 이하의 저압의 경우를 '진공'이라 부르고 있다.

또 진공으로 만든 용기내의 잔류기체의 압력을 그때의 '진공도'라 부르고 있다. 덧붙여서 말하면 진공전구의 진공도는 수은주 10^{-2}~10^{-3}mm 정도라고 한다. 진공은 용기의 기체를 진공펌프로 자꾸만 배출시켜서 만든다.

진공 속에서의 응용의 1예를 든다. 진공 속에서는 물질의 건조를 가열 없이 행할 수 있다는 것으로부터 혈액의 보존을 비롯하여 페니실린 등 가열하면 효력을 상실하는 약품의 농축 등에 그 기술이 이용되고 또 비타민을 파괴시키지 않고 식품을 건조시키는 기술도 발명되어 임상의학, 약품공업, 식품공업 등에 이용되고 있다.

무릇 진공의 발견은 17세기 중엽에 독일의 게리케의 연구에 따른 것이다. 구 동독의 서부, 마그데부르크의 훌륭한 집안에 태어나서 그 시의 시장을 역임한 바 있는 그가 1654년 레겐스부르크에서 황제를 비롯하여 명사(名士)들 앞에서 행한 유명한 '마그데부르크의 반구(半球)의 실험'에 의해서 일반에게 알려지게 되었다.

이 공개실험은 지름 약 35cm의 2개의 구리로 만든 반구를 딱 맞추고 한쪽의 반구에 붙인 밸브를 통해서 공기펌프에 의하여 내부의 공기를 빼내서 이 2개의 반구가 큰 기압에 의해서 압착(壓着)되어 간단하게 분리되지 않는 것을 일반에게 보여주었다.

이 실험 때 말 16마리로 서로 끌어당겨서 겨우 분리할 수 있었다 한다. 당시 사람들의 놀라움은 상상을 초월하는 것이었을 것이다.

본론인 '진공'은 압력 0까지는 가지 않지만 10^{-2}, 10^{-3}, 10^{-4}, ……, 즉 $\frac{1}{10^2}$, $\frac{1}{10^3}$, $\frac{1}{10^4}$, ……, 바꿔 적으면 0.01, 0.001, 0.0001, …… 처럼 0의 밑에 0가 몇 개나 붙는 낮은 압력이다.

이것이 진공의 정체일 것이다.

물론 순금과 마찬가지 이유로 진공도 0의 진공은 아무리 노력해도 인공적으로 만들 수는 없다.

1·11 무중량과 제로

최근 흔히 '무중력 상태'라는 말을 듣는데 '무중량 상태'라고 하는 편이 옳은지도 모른다.

필자도 흔히 '기계체조'라든가 '철봉'을 클럽 활동에서 하였는데 높은 곳에서 뛰어내릴 때 '둥실' 몸이 가벼워지는 것을 느꼈다.

과장된 표현이지만 무게를 느끼지 않는 것이기 때문에 이것은 무(?)중량의 일종에 틀림없다. 아마 제트 코스터(jet coaster)의 급강하나 그네의 내리막 등도 약간 무중량에 가까운 것은 아닐는지.

인체는 항상 지구의 인력으로 밑으로 끌려 있다. 따라서 급강하하면 반드시 중량이 작은 상태를 체험할 수 있다. 상승할 때는 지구의 인력(대체로 $1G$, 장소에 따라서는 다르다)에 역행하는 것이기 때문에 G는 증가하지만 급강하는 G를 감소시킨다. 여기서 G가 자꾸만 감소하여 $G=0$가 되면 무중량인 것이다.

예부터 전투기 탑승은 급강하 폭격을 하고 있다. 급강하는 무중량에 가깝고 상승에서는 G가 5~10배가 된다.

독자들도 경험하였을 것으로 생각하는데 그네에서는 오르막인가 내리막의 어느쪽에서 기분이 나빠지는 것 같은 둥실하는 순간이 있었다고 생각한다. 이것이 무중량 상태에 가까운 것이다.

따라서 우주비행사가 되려면 무중량에서도 기분이 나빠지지 않도록 경험·트레이닝에 의해서 인체를 길들일 필요가 있다. 이것은 누구나가 다 할 수 있다고는 말할 수 없다.

옛날 일본의 비행예과훈련생(전투기탑승 연습생)의 훈련중에 공중제비의 훈련이 많이 채택되었다고 듣고 있는 것도 과연이라고 생각한다.

본론인 무중량이란 $G=0$를 말한다.

말이 나온 김에 덧붙이면 '중력'이라는 것은 인력과 원심력의 합력(벡터의 합)이다. 이와 관련하여 원심력은 적도에서 최대,

극점(極點)에서 0이기 때문에 벡터를 생각하면 위도(緯度)에 따라서 중력의 값이 변화하는 것을 알 수 있다.

▩ 1·12 신월(新月)은 월령(月齡) 제로인가?

아득히 먼 옛날사람은 달을 어떻게 생각하였을까. '별이 내리는 밤'이라든가 '온 하늘에 별'이라든가는 그다지 불가사의하게 생각하지 않았던 것일까.

우스갯소리에 다음과 같은 것이 있다.

A: "별님이란 무언지 알고 있니?"

B: "알고 있지. 그것은 하늘에서 비가 내리는 구멍이야."

A: "어떻게 알지?"

B: "비 내리는 날에는 구멍이 보이지 않잖아."

라는 것이 일컬어지고 있었다. 요즘 아이들에게는 도저히 통하지 않는다고 생각하지만.

그런데 인류가 이 지구상에 탄생하여 다른 동물과는 달리 '로댕의 생각하는 사람'처럼 생각하는 힘을 신이 주셨을 때부터 달은 진기한 존재였음에 틀림없다. 이로부터 여러 가지 상상이 생긴다.

달이 지구의 위성이라는 것이 알려진 것은 상당히 오래 전부터라고 생각하는데 아마 달의 참과 이지러짐은 원시인에게는 불가사의, 바로 그것으로 비쳤음에 틀림없다.

최근에는 다른 행성에도 위성이 발견되었다고 듣고 있는데 달과 같은 큰 위성을 갖는 행성은 그 밖에 예가 없다.

태양과는 달리 달은 스스로의 힘으로 빛나고 있는 것은 아니다. 태양의 빛이 닿아서, 즉 반사해서 빛나고 있는 것처럼 보일 뿐이다. 따라서 지구의 주위를 달이 돌고 있기 때문에 초승달이나 상현달, 하현달, 만월, 경우에 따라서는 일식, 월식을 볼 수 있지만 태양과 지구의 사이에 달이 들어가면 인간은 달의 이면(裏面)의 해가 닿지 않는 면을 볼 수 있게 된다. 이것이 신월(삭, 朔)이다.

즉 캄캄한 밤에 까마귀격(格)이다. 만월, 즉 십오야의 달(보름달)을 만점, 소위 100%라 하면 신월은 제로점이 되는 것일까.

▩ 1·13 0살 아기와 진화한 사람

옛날부터 한국이나 일본에서는 인간의 나이, 즉 연령을 '달력나이'로 말하고 있었다. 태어나는 바로 그 순간 이미 한 살이었다. 그러나 현재는 외국처럼 만연령으로 부르게 되었다.

지금 생각해 보면 태어나서 바로 한 살, 다음해의 정월이 되면 두 살. 그래서 12월 말에 태어난 아이들은 급성장(?)하여 정월이 되면 두 살이 되었다.

이러한 어리석은 일을 언제부터 하였는지 필자는 생각할 기분도 나지 않는다. 다만 옛날부터의 습관으로 그렇게 하고 있었을 것이다.

그렇지 않으면 징병검사가 있었기 때문일까. 달력 나이 21세가 되면 남자는 징병검사를 받았던 것이다. 그것도 아니면 획일적으로 국민의 연령을 원단(元旦)에 나이를 맞추기 위해서인가. 탄생일로 나이를 맞추게 되면 개인개인이 각각 다르기 때문에 모든 행정이 번거롭게 되기 때문일까. 진의는 잘 모르겠지만 개인의 권리보다 국가의 이익이 우선한 것인가.

아주 어리석은 일을 아득한 먼 옛날부터 하고 있었던 것이다.

그런데 현재와 같이 태어나면, 곧 0살, 제1회의 생일을 맞이하여 비로소 한 살, 옛날식으로 말하면 만 한 살이 되는 것이다. 여기서는 제로의 활약을 볼 수 있도록 바뀐 것이다.

그런데 치과선생의 이야기로는 "어금니에 사랑니가 제로의 사람은 가장 진화한 사람이다"라고 한다.

또한 진화될 대로 진화된 궁극의 사람은 체모(體毛) 제로라고 듣고 있다. 그렇다면 대머리는 진화의 전조(前兆)인 것일까. 필자는 사랑니가 단지 1개이고 머리는 벗겨져 있다. 기뻐해도 좋을는지 나쁠는지.

말이 나온 김에 태아, 정자(精子)·난자(卵子)에는 연령이 없다. 또 연령에는 마이너스가 없는 것 같다.

중학 동급생으로 의학박사인 요시다(吉田) 씨의 이야기에 따르면 "정자는 연령이 없고, 난자는 갱년기 50세 전후까지 생식능력이 존재한다"고 한다.

▨ 1·14 카운트 다운과 제로

권투의 K.O. 장면을 보고 있으면, "10, 9, …… 2, 1, down and out"에서 down이나 out의 어느 한쪽인 것 같은데, 이것은 0(제로)를 의미하고 있는 것이다.

현재의 텔레비전이나 라디오의 시보(時報)를 듣고 있으면 삐, 삐, 삐—라고 들리거나 사람에 따라서는 2초 전, 1초 전, just로 느끼는 사람도 있다고 생각하는데 약 10년쯤 전의 라디오의 시보는 필자의 기억에 따르면 10초 전, 9초 전, …… 캉이라든가 칭이라고 들렸다.

현재로서는 듣는 사람이 익숙해져서 2, 1, 0 정도로 카운트 다운은 충분하다.

필자의 소년시절, 마라톤이나 경주의 출발은 피스톨(또는 호각)로 "On your mark, Get set, 땅!"이라고 하였는데 On your mark!는 '제위치에'이고 Get set!은 '준비!'라는 것이다.

이것도 "2, 1, start!"라고 하는 것일 것이다. 줄여서 '준비, 땅!'이라는 것이다.

현재의 인공위성을 쏘아올릴 때 사용하는 로켓의 발사는 몇 초 전부터 카운트 하는지 알 까닭도 없지만 나라에 따라 다른 것은 아닐까. 5초 전, 3초 전 등처럼 홀수초 전부터 초읽기를 하고 있는 것은 아닐까. 그렇지 않으면 짝수초 전부터 시작하는 편이 셈하는 갯수가 홀수개이기 때문에 어쩐지 야무진 것 같은 기분도 든다.

결국 '4, 3, 2, 1, 0'라든가 '2, 1, 0'라는 초읽기로 되어 있는 것은 아닐까. 여기서의 0는 물론 점화(Fire!)의 의미이다. '3, 2, 1, 발사!'라는 예도 있었다.

이상과 같이 down, out, just, start, 발사 등은 어느 것도 0를 의미하고 있는 것 같다.

2

사전에서 보는 제로

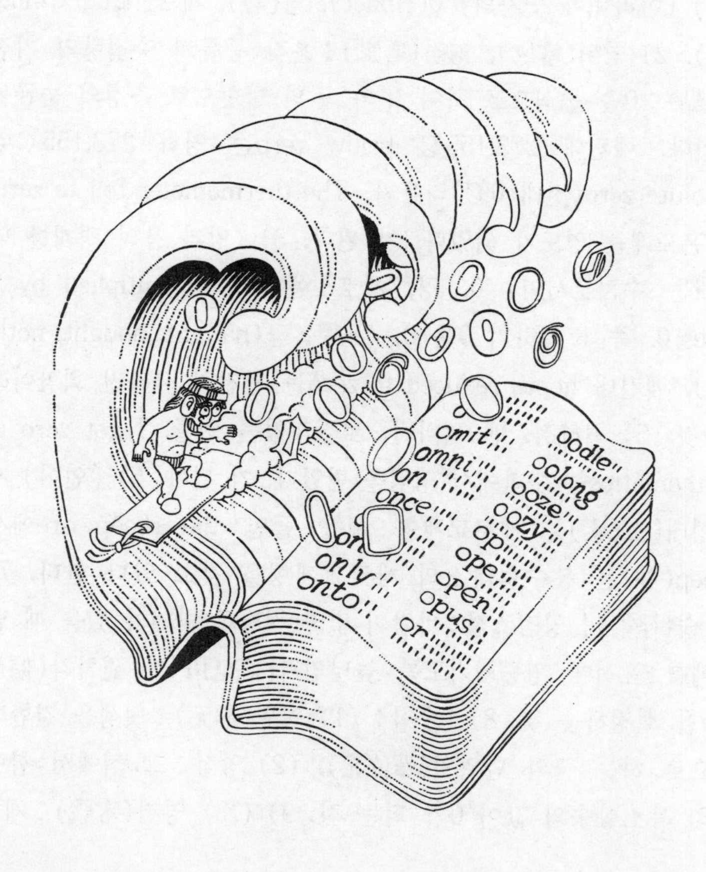
omit
omni
on
once
only
onto
oodle
oolong
ooze
oozy
op
ope
open
opus
or

▩ 2·1 영일사전에서 볼 수 있는 제로

영일사전을 찾아보면 zero가 붙은 word가 몇 개 실려 있다. 알고 있을 것으로 생각하지만 일단 조사해 보기로 하자. 물론 제로에는 수학에서 말하는 0와 무(無)나 공(空)을 의미하는 0가 있다.

처음에 명사 'zero'에 대해서 알아보자. 우선 어의(語義)부터 나타내어 보인다. 복수형은 zeros, zeroes.

1) (아라비아 숫자의) 0(cipher), 영(零), 제로(naught, nought). 2) 영위(零位), 영점(零點) : 온갖 종류의 측정량의 기점(基點) ; 0을 중심으로 하여 +와 -의 방향으로 측정의 눈금을 붙인다. 예컨대 273.155℃ below zero는 영하 273.155℃ = absolute zero(절대 0℃)라든가, The thermometer fell to zero.는 온도계는 영도가 되었다, 가 된다. 3) (양과 음의 경계를 나타내는 수치로서의) 0, 영, 제로 : 예컨대 1 multiplied by 0 gives 0. 즉 1 곱하기 0은 0. 4) 무, 공(naught, nought, nothing). 예컨대 hopes reduced to zero는 완전히 사라진 희망이라는 것. 5) 최하점, 맨 밑바닥, 보잘것없는 인물. I got zero in mathematics는 수학에서 영점을 받았다, 가 된다. 6) 〔언어〕 제로형태〔소(素)〕, 제로교체형 : 예를 들면 the sheep are에서 sheep(양)은 복수형태소의 제로교체형을 갖고 있다 한다. 7) 〔포술(砲術)〕 영점조정 : 바람이 없고 적당한 밝기가 있을 때 발사체를 표적에 명중시키도록 높낮임각[高低角]과 편차각(偏差角)을 설정하는 것. 8) 〔수학〕 (1) 영원(零元) : 덧셈을 결합법칙으로 하는 군의 단위원(單位元). (2) 영점 : 그 점에서 함수 특히 복소함수의 값이 0가 되는 점. 9) (Z.) 영전(零戰) : 제2

차 세계대전에서 사용된 일본 해군의 영식(零式)전투기.

이어서 동사에 대하여 살펴보자. (계기 등을) 제로의 눈금에 맞춘다.

형용사에 대하여는 다음과 같다.

1) 〔언어〕 제로 형태의, 제로교체형의 : 예컨대 the zero allomorph of '-ed' in 'cut' 동사 cut에 있어서의 과거형태소(素) ed의 제로교체형. 2) 〔기상〕 (1) 연직시정계급(鉛直視程階級) 0의 : 연직방향의 시정의 최대거리가 50피트(약 15미터) 이하의. (2) 수평시정계급 0의 : 수평방향의 시정의 최대거리가 165피트(약 50미터) 이하의.

다음으로 zero를 포함하는 중요한 복합어는 어떠한가.

우선 첫째로 'zero base'는 백지로 되돌려서 다시 하는 것을 말하고 이어서 'zero beat'〔통신〕는 영비트(주파수의 일치)를 말한다.

'zero ceiling'〔경제〕은 공공예산의 개산(概算) 요구한도가 전년도와 같은 액수인 것을 말하고 'zero-coupon bond'〔경제〕는 해외에서 발행되는 장기외화표시 할인채(割引債)로서 이권(利券, 쿠폰)이 붙어 있지 않은 채권이다. 발행가액이 액면보다 낮기 때문에 차액이 이자에 상당한다. 'zero defect'는 무결함, 무결점을 의미한다. 공장생산에서 결함제품을 전무(全無)로 하려고 하는 것을 말한다. ZD, ZD운동이라고도 한다.

'zero-divisor'〔수학〕는 영인자(零因子) : 환(環)에 있어서 0가 아닌 2개의 원래의 곱이 0가 되는 것.

'zero-gravity'〔물리〕는 무중력상태, 중력제로 : 자유낙하 또는 지구의 주위를 궤도운동하고 있는 물체 중에서 겉보기에 중력의 효과가 없어지는 상태.

'zero growth'〔경제〕는 제로 성장, 경제성장률 제로.

'zero hour'는 1) (특히 제1차 세계대전에서) 예정 공격개시 시간. 행동개시 시간; (로켓 등의) 예정발사시간. 2) (이야기) 중대시기. 결정적 순간(decisive or critical time) : 예컨대 Zero hour was almost upon us.는 결정적 순간이 거의 눈앞에 다가왔다, 가 된다. 3) zero hour system의 약자.

'zero hour system'〔방송〕은 24시간 방송을 계속하는 것. 또는 어떠한 시간에도 방송할 수 있는 것.

'zero in'은 (소총의) 영점조정을 한다; …… 에 조준을 맞춘다 : 예컨대 zero in one's rifle at 100meters는 소총을 100미터로 조준을 맞추는 것.

'zero manufacturing'〔공학〕은 무중력상태에서의 생산.

'zero meridian'은 본초자오선, 기준자오선.

'zero option'〔군사〕은 유럽에 배치되어 있는 미소 중거리핵미사일을 서로 전면 폐기한다고 하는 군비제한구상. 1981년에 레이건 미국 전대통령이 제안하였다.

'zero point energy'〔물리〕는 영점 에너지 : −273.155℃(절대영도) 때의 물질이 갖는 에너지.

'zero population growth'는 인구 제로 성장 : 출생률과 사망률이 같아져서 인구성장률이 영이 되는 상태. 약칭으로 ZPG라 한다. 'zero potential'〔전기〕이란 영전위(電位).

'zero sum'은 승리와 패배를 합계하면 플러스 마이너스 0가 된다는 사고방식. 'zero-sum game'은 영합(零合) 게임. 한편의 득이 반드시 다른 편의 손해가 되는 조건하에서 두 사람이 행하는

게임. 경제용어로는 시장규모가 같은 상태대로 있을 때의 점유율 경쟁 등이 그 예이다. 'zero sum society'〔경제〕는 제로섬 사회. 미국의 경제학자 서로가 제창한 이론으로 저경제성장하에서는 소득이 증대되는 자가 있으면 별개의 누군가가 반드시 손해를 보고 있다는 것.

'zeroth law of thermodynamics'는 열역학 제0법칙 : 어떤 하나의 계와 열평형에 있는 2개의 계는 또한 서로 열평형에 있다고 하는 법칙.

'zero valent'〔화학〕는 원자가(價) 0의.

'zero vector'〔수학〕는 영벡터 : 성분이 모두 0인 벡터. 즉 점을 말한다.

'zero-zero'〔기상〕는 (대기의 상태) 수평·연직방향이 모두 시정(視程) 0의 : 예컨대 zero-zero weather는 시정 0의 악천후(비행불능의 상태).

'zero-zero seat'는 제트전투기 등에서 승무원의 긴급탈출시에 낙하산이 펼쳐지는 고도까지 승무원을 사출(射出)하는 장치.

그런데 '제로미터 지대'라는 말을 신문에서 언뜻 본 일이 없을까. 영어로 고치면 'zero meter area'라도 될 것 같은데 이것은 일본제 영어이다. 만조(滿潮)시에 해면보다 낮아지는 지대를 말한다.

또한 전화번호에 0가 있는 경우 '오'라고 발음하는 일이 많은 것은 미국 영화에서 흔히 경험한다.

또 이것은 미국속어지만 해커가 정보를 지워버린다고 하는 의미의 동사에도 zero가 사용되고 있다.

▨ 2·2 '영'이 들어간 숙어

제로를 우리말로는 '영(零)'이라 말하고 있다.

그래서 영(零)이란 어떠한 것을 가리키고 있는 것일까. 사전을 펼쳐 보면 다음과 같이 되어 있다.

'영(零)'은 영, 떨어지다, 내리다, 흘러내리다, 제로라 되어 있는데 그 예로서는 ① 零落(영락) ② 零雨(영우) ③ 零細(영세) ④ 零碎(영쇄) ⑤ 零淚(영루) 등 이외에 ⑥ 그것을 그 밖의 수에 더해도 값이 바뀌지 않는다는 성질을 갖는 수로서 이것보다 크면 양수, 작으면 음수가 된다. 말하자면 양과 음의 경계의 수이다. 또한 물건이 전혀 없다. 제로(영점, 영도, 영하5도, 오전 영시) 등이다.

그러면 수학에서 보통 말하는 '영'이란 0을 말하는 것 같다. 영에 이러한 여러 가지 의미가 있다는 것은 놀랍다.

몇 가지 숙어에 대해서 조사해 본다.

'영하'는 온도가 섭씨 0도 이하인 것. '영세'는 매우 잘다, 매우 (규모가) 작다는 것. '영시'는 12시(0시인데 12시라고 하는 것은 재미있다). '영점'은 득점이 없는 것, 점수가 제로인 것. '영도'는 도수를 계산하는 기초가 되는 도(度). '영락'은 잎이 시들고 말라서 떨어지는 것, 몰락하는 것.

이상과 같은 것이 적혀 있다. 즉 영(零)이란 제로 이외에 그다지 좋지 않은 의미에도 사용되고 있는 것 같다.

현대의 철도의 시각표는 24시제로 되어 있기 때문에 0시에서 24시까지 오전, 오후를 통틀어서 시각을 나타내고 있다. 이때 0시는 밤중의 12시, 즉 전날의 24시이고 정오는 12시가 된다.

따라서 0시는 24시와 전적으로 같은 것이다. 그러나 24시 몇 분이라고는 말하지 않는다. 바꿔 말하면 0시 0분 0초에서 24시 0분 0초의 사이가 1일이다.

또한 말이 나온 김에 영(零)의 어원을 찾아보았더니 일설에 따르면 零이란 霝과 같은 것을 나타내고 있다 한다.

즉 雨 밑에 ㅁㅁㅁ을 적고 있는 것은 '빗방울[雨滴]'을 나타낸다는 것이다. 비가 내려 우산을 받치면 물방울은 낙수물처럼 한방울, 한방울 떨어지는 것이다.

0가 탄생한 인도와 한자(漢字)의 나라인 중국은 국경을 접하고 있지만, 아마 0와 산용(算用)숫자는 인도에서 아라비아, 스페인, 유럽을 통하여 중국으로 들어온 것이라고 필자는 생각하고 있다.

만일 인도에서 중국으로 직접 들어왔다면 일본에도 더 빨리 산용숫자가 들어왔겠는데 유감스럽게도 산용숫자는 에도막부 말기에서 메이지 시대에 결쳐서 일본에 들어왔다.

결국 유럽에서 0가 중국으로 들어왔을 때 0는 비가 멎고 약간의 물방울이 '뚝뚝' 떨어지다가 마지막에는 완전히 멎어 버리는 것과 같은 '극한'의 사고를 중국인은 상상하여 0를 물방울, 즉 ㅁㅁㅁ으로 생각한 것은 아닐까.

零은 雨가 令(떨어지다)이라 쓴다. 물방울이 떨어진다. 바꿔 말하면 낙수물이다. 0가 들어왔을 때 중국인은 그 형태로부터 물방울을 상상한 것이다.

2·3 '무(無)'가 들어간 숙어

zero는 우리말로 '영'이라 번역되어 있는데 수학적으로는 (영) =(무)라 생각하고 있다.

그래서 책상 위에 있는 국어사전의 '무(無)'에 관한 항목을 조사해 보니 수없이 많았다.

그 중에서 몇 가지만 소개한다.

'무'는 ① 없다, ② 아니다, ③ 막다의 뜻이 있다.

'무의(無意)'는 특별한 뜻이 없음. '무위(無爲)'는 ① 아무 일도 하지 않는다, ② 〔불교〕 생멸·변하지 않는 것, ③ 자연 그대로 두어 인위를 가하지 않는다. '무운시(無韻詩)'는 블랭크 버스(blank verse). '무아(無我)'는 ① 자기를 잊음, ② 사심이 없음, ③ 〔불교〕 자기의 존재를 부정. '무기(無機)'란 '무기물', '무기화학'의 약자. '무궤도(無軌道)'는 궤도가 없는 것. …… 등이다.

그 밖에 무아경(無我境), 무관심(無關心), 무궁(無窮), 무체(無體), 무정견(無定見), 무분별(無分別), 무변(無辺) …… 등도 있다.

좋은 의미의 말도 있지만 대체로 나쁜 쪽에 속하는 말이 많은 것 같다.

역시 제로, 영, 무는 감동할 만한 것은 적은 것 같은데 수학에서는 제로는 아무래도 없어서는 안될 중요한 숫자이다.

제로가 탄생한 무렵에는 '악마의 수'라고 생각하는 사람도 있었다고 한다. 그러나 현대에서는 악마는커녕 천사와 같은 매우 훌륭한 존재이다.

3

인간성과 제로

3・1 놀림을 받은 뉴턴

요즘은 현금카드를 비롯한 여러 가지 카드를 이용하여 많은 돈을 가지고 다니는 사람은 적어졌다.

이것을 보면 카드의 활용의 기초가 되는 자기(磁氣)의 연구로 유명한 독일의 대수학자 가우스(Carl Friedrich Gauss, 1777~1855)를 세계 제일의 대과학자라고 호칭해도 될 것 같다.

그러나 그 이상의 과학자 뉴턴(Sir Issac Newton, 1642~1727)의 존재를 잊을 수는 없다. 세계로 눈을 돌리면 과학 전반의 기초가 되는 미적분의 발견에서 로켓을 비롯한 인공위성의 기초가 된 만유인력, 운동의 법칙의 발견 등 헤아리면 끝이 없다.

그런데 딱딱한 이야기만 하면 독자도 실망할 것으로 생각하기 때문에 우선 뉴턴의 에피소드를 섞어서 그 인품에 대해서 언급하기로 한다.

그는 굉장히 고양이를 좋아하여 많은 고양이를 길렀고 집의 안과 밖이나 방과 방 사이에 고양이 전용의 출입구를 설치하였다.

어느 때 새끼고양이가 태어났기 때문에 '새끼고양이 전용의 출입구를 만들도록' 허드렛일을 하는 사나이에게 일러 놓았더니 그 사나이는 "어미 고양이와 같은 출입구를 다니도록 하면 되지 않겠는냐"라고 하면서 새끼고양이 전용의 출입구를 만들지 않았지만 뉴턴은 결국엔 그 출입구를 만들게 하였다고 한다.

뉴턴은 인품도 좋고 주위사람들과 어울리는 태도도 대수학자, 대과학자라고는 생각할 수 없을 정도로 대인관계가 좋았다.

또 만년이 되어 다소 정신에 이상이 생긴 것 같지만 신장병 때문에 20개월 정도 고생할 때도 학문연구를 계속하고 간호하는 사람들에게도 감사의 기분을 잊지 않았다고 한다.

머리카락은 비교적 젊었을 때 희어졌지만 안경을 쓴 일도 없고 1727년 3월 20일, 84세의 고령으로 타계하였다.

이 세계제일의 과학자라고 하는 뉴턴도 처음부터 그렇게 공부할 수 있었던 것은 아니다.

그는 영국 런던 북방 150km의 잉글랜드 동부 링컨주 근교인 울스소프(Woolsthorpe)의 자작농(自作農)의 장남으로서 1642년 12월 25일, 즉 구력(旧暦)의 크리스마스날에 태어났다. 그의 부친은 그다지 평판이 좋지 않은 사람이었다. 부친은 이웃마을 제임스 아이스카야의 딸 하나 아이스코프와 결혼하였지만 뉴턴이 태어나기 전에 별세하였다.

따라서 뉴턴은 모친의 손 하나로 키워졌다. 미망인이 된 어머니는 인접한 노드위저 교구(教區)의 노인, 바나바스 스미드와 남편이 죽은 지 3년이 지나서 재혼했다. 어머니는 거기서 3명의 아이를 낳았기 때문에 뉴턴도 그 동생들과 함께 어머니 밑에서 생활하게 되었다.

그런데 두번째 남편과도 사별하였기 때문에 어머니는 아이들 4명을 데리고 울스소프의 친정으로 돌아가서 농사일을 계속하고 있었다.

뉴턴은 처음 국민학교에 들어갔을 때 학업에 따라갈 수 없어 선생의 권유에 따라 잠시 집에서 놀게 되었다.

그러나 열두 살 때 그랜텀의 국민학교에 입학하였다. 어머니나 동생들과 헤어져 시내의 약제사 클라크가(家)에 하숙하였기 때문에 그 집의 다락방에 있었던 수학이나 물리학 책을 읽을 수 있는 기회가 많았다.

그 집에 하숙하고 있을 때 뉴턴은 클라크가의 양녀(養女), 스

뉴 턴
(1642~1727)

토리를 만나 사랑에 빠져 약혼을 하였는데 뉴턴은 그때 이미 19세였다.

그러나 머지않아 케임브리지의 트리니티 칼리지(단과대학)에 입학하기 위하여 그녀의 곁을 떠나게 되었고 그후 바빠서 결혼을 하지 않아 스토리는 다른 남자와 결혼해 버렸다.

뉴턴은 최초의 연인 한 사람에게 언제까지나 변치 않는 정열을 품고 있었기 때문에 평생 독신으로 지낸 것 같다.

그런데 공부에 따라갈 수 없었던 뉴턴이 케임브리지에 입학할 수 있을 정도로 공부가 좋아진 것은 어떤 사건의 덕택일 것이다.

어느날 뉴턴은 그보다 성적이 좋은 친구 몇 사람으로부터 놀림을 받았다. 이러한 일이 있고 나서부터 뉴턴은 맹렬하게 공부하여 이윽고 친구들을 앞질러 버렸다.

이 사건 이래 뉴턴은 딴사람같이 되었다고 한다.

이 사건을 필자는 '카타스트로피(catastrophe)'라 생각하고 있다. catastrophe는 일본어로 '파국(破局)'이라 번역되어 있다. 이것은 도쿄교육대학 교수였던 아키즈키 야스오(秋月康夫) 선생이 번역한 것으로 카타스트로피 연구자인 와세대대학 교수였던 노구치 히로시(野口廣) 선생도 그렇게 말하고 있다.

그런데 파국을 국어사전에서 찾아보면 '일이 깨진 국면, 사건의 비극적인 대단원'으로 되어 있지만 파국이란 불완전한 뉘앙스가 있기 때문에 필자는 '대변화'로 생각하고 싶다.

즉 뉴턴이 분발한 것은 바로 카타스트로피일 것이다.

카타스트로피의 예로서는 지진, 벼락 등을 들 수 있을 것이다. 그 밖에도 평가절하, 큰 실연(失戀), 대공황, 전쟁, 파업, 음주운전으로 인한 사고 등도 그럴지도 모른다. 그러나 그중에는 필자도 경험한 관동대진재(震災) 때 질병으로 누워 있던 사람이 갑자기 일어나자마자 옷장이나 무거운 이부자리 등을 짊어지고 나갔다는 예도 있다.

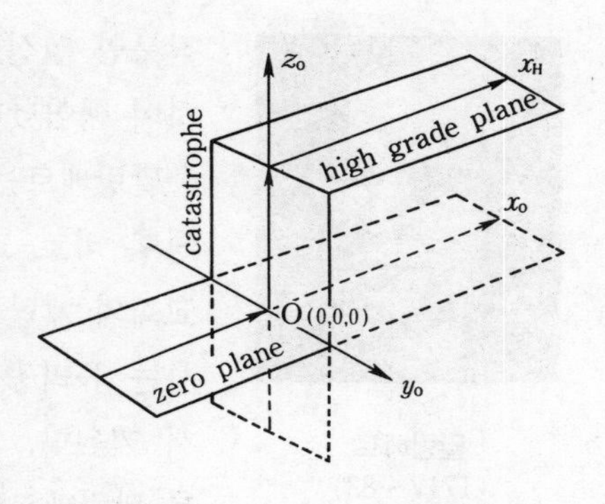

옛날부터 '지진, 벼락, 화재, 아버지'라고 일컬어지고 있는데 불효자식이 아버지한테 야단을 맞고 곧 개심(改心)한 것과 같은 이야기는 없는 것일까.

여기에도 평범한 zero plane으로부터 catastrophe에 의해서 high grade plane으로 일거에 올라가거나 떨어지거나 하여 진짜 파국을 맞이하는 일도 있다. 여기에도 제로의 활약을 볼 수 있다.

3·2 수학자의 생애와 제로

인간은 태어났을 때는 모두 알몸이고 0살이다. 그러나 대수학자의 생애를 조사해 보면 그 0살은 '십인십색(十人十色)'이라 할까, '천차만별'이라 할까 개개인마다 하늘과 땅의 있는 것 같다.

프랑스의 대수학자 달랑베르(Jean Le Rond d'Alembert, 1717~83)는 물리학자, 천문학자, 사상가로 유명한 사람이다.

그는 장군 데토슈를 아버지로, 섭정(攝政) 오를레앙 공(公)의 시대에 살롱(사교모임)의 인기있는 화려한 존재였던 드 탄산 후

달랑베르
(1717~83)

작부인 텐신(Mme de tencin)을 어머니로 하여 태어났다.

달랑베르는 사생아로서 태어났기 때문에 생후 바로 노트르담에 있는 상 쟝 르 롱 교회의 계단 밑에 버려져 있었는데 부근에 사는 유리공(工) 알랑베르의 아내가 맡아서 키웠다. 그 때문에 그의 이름은 장 르 롱 달랑베르라고 부르게 되었다.

머지않아 아버지인 장군 데토슈가 돌봐주었고 부친의 별세 후에는 막대한 유산을 물려받았다. 게다가 죽은 아버지의 가까운 유력한 사람이 후원해 주었기 때문에 달랑베르는 23세에 아카데미회원으로 뽑혔다.

그는 신학·법률·의학을 공부하고 그후 철학·수학·물리학에 흥미를 가져 그 연구에 힘썼다.

1743년 26세 때 『역학론』을 출판하고 거듭 물체의 운동을 정역학(靜力學)의 경우와 마찬가지의 평형상태로 옮겨서 생각하는 「달랑베르의 원리」를 발표하여 역학의 일반화와 해석역학에의 전개를 생각해서 그 뒤의 역학의 발전에 커다란 공헌을 한 것은 너무나도 유명하다.

달랑베르의 생애는 제로에서 출발하여, 버려진 아이가 되어 죽음(제로)이 닥쳤지만, 이윽고 삶(+)으로 나아간 것이 될 것이다. 그리고 죽음에 의해서 제로로 되돌아갔다.

옛날부터 신동이라든가 재자(才子)라는 말이 있지만 그래도 '스물(20세)이 지나면 보통사람'이 되고 마지막에는 보잘것없는 사람이 많다. 그러나 다음에 언급하는 파스칼과 가우스는 평생 훌륭한 대수학자였다.

먼저 파스칼(Blaise Pascal, 1623~62)은 프랑스 중남부 오베르뉴의 클레몽(Clermont Ferrand)에서 1623년 6월 19일(일설로는 13일)에 귀족의 아들로 태어났다.

아버지는 에티엔느 파스칼(Etienne Pascal)이라 하고 어머니는 앙트와네트 베고느라는 이름으로 또한 명문출신이었다. 파스칼에게는 누이 지르베르와 여동생 쟈크리느가 있었다.

어머니는 파스칼이 3세(일설에는 4세) 때 죽었기 때문에 두 자매와 함께 아버지의 손으로 키워졌으나 실은 헌신적인 한 사람의 하인이 보살펴 주어 무엇 하나 불편 없이 성장하였다고 한다.

아버지는 아이들의 교육에 매우 열심이었다. 그래서 지방에서는 충분한 교육을 시킬 수 없다고 생각하여 파스칼이 4세 때 일부러 파리로 이사하였다고 한다.

파스칼 자신은 기하학에 흥미를 갖고 어렸을 적부터 공부를 시작한 것 같다. 그러나 아버지는 "어린이는 너무 어릴 때부터 어려운 공부를 하면 안된다"라고 하여 기하학 책을 전부 감춰 버렸다.

그래서 혼자서 정원에 깐 돌 위에 도형을 그려서 평면도형의 성질을 생각하고 있었다. 12세(일설에는 9세) 때 아버지에게 "삼각형의 3개의 내각의 합은 일정하다"라고 말하고 그 이유를 설명하였다(증명방법은 생략한다).

이 성질은 기원전의 피타고라스 학파(B.C. 550년경)나 유클리드(B.C. 300년경)의 시대에 대체로 알고 있었던 것 같으나 파스칼은 분명히 증명하였기 때문에 아버지는 기쁨의 눈물을 흘렸다고 한다.

그후 아버지는 파스칼의 재능을 인정하여 유클리드 기하학의 책을 주었더니 독학으로 모든 것을 이해하였다고 한다. 아버지도 실은 수학의 지식이 있어 당시 메르센느라고 하는 목사의 집에서 매주 1회 그 무렵의 유명한 수학자 데자르그, 호이겐스, 파이유르, 가르비, 로베르바 등도 참가하여 개최되고 있었던 수학연구회에 출석하고 있었는데 파스칼은 14세 때 아버지와 함께 그 모임에 출석하게 되었다.

그 때문에 파스칼은 대수학자 데자르그나 호이겐스로부터 직접 가르침을 받을 수 있어 기하학의 힘이 급속히 신장하였던 것 같다.

1639년, 16세 때『원뿔곡선 시론(試論)』이라는 후세에 남는 명저를 출판하여 그 무렵의 수학자들의 주목을 받았다.

1640년, 17세 때 아버지의 전근(轉勤)에 따라 르앙으로 옮겨서 세무장관인 아버지를 돕기 위해 계산기를 발명한 것은 유명한 이야기이다.

1647년, 24세 때 질병의 진단을 받기 위해 파리에 머물렀다. 1651년, 28세 때 아버지가 타계하였기 때문에 여동생 쟈크리느는 폴 로와이얄 수도원에 들어가고 파스칼은 로안네스 공(公) 슈바리에 드 메레와 친하게 교제하고 살롱에 출입하고 있었다.

그 무렵 공으로부터 질문을 받은 '도박 분배금의 문제'를 해결하고 그것에서 힌트를 얻어 확률의 학문적 연구에 들어가『확률의 수학적 이론』을 완성시켰다고 한다.

이탈리아의 카르다노(1501~76)로부터 100년 이상 뒤의 일이다.

파스칼의 연구에서 가장 유명한 것은 현대에도 오일 브레이크,

증기햄머 등에 사용되고 있는, 유체에 관한 「파스칼의 원리」일 것이다. 또 수학에 대해서는 유명한 「파스칼의 삼각형」이 있다.

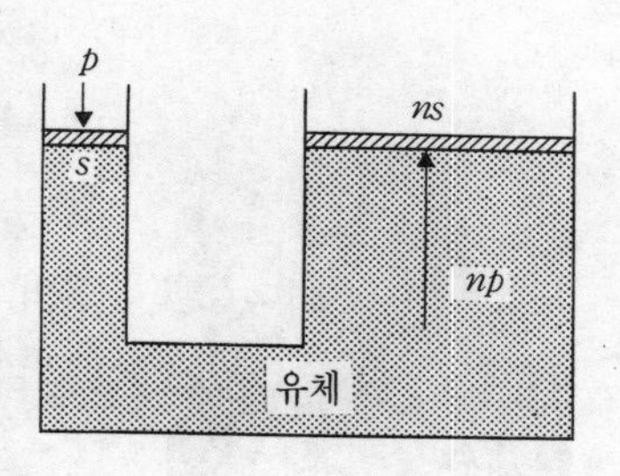

간단히 설명하기로 한다. 오른쪽 그림과 같은 유체의 단면적 s에 압력 p를 가하면 단면적 ns에는 압력 np가 가해진다는 것으로 이것에 의해서 작은 힘 p가 커다란 힘 np가 된다.

더욱이 도중에 파이프로 되어 있어도 마찬가지이다. 이것이 유압장치의 원리이다. 또한 파스칼의 삼각형이란 2항계수, 즉 $(a+b)^n$의 전개식

$$(a+b)^n = {}_nC_0a^n + {}_nC_1a^{n-1}\cdot b + {}_nC_2a^{n-2}\cdot b^2 + \cdots\cdots + {}_nC_r\,a^{n-r}\cdot b^r + \cdots\cdots + b^n$$

에 있어서의 수계수(數係數)를 산술적으로 구하는 방법으로 다음의 그림과 같다.

$(a+b)^1$	1 1
$(a+b)^2$	1 2 1
$(a+b)^3$	1 3 3 1
$(a+b)^4$	1 4 6 4 1
$(a+b)^5$	1 5 10 10 5 1
………	………………………………

그런데 파스칼은 태어난 체질이 약하였는데 노력가였기 때문에 무리를 하여 1642년 19세 때 결핵을 앓았다. 그 때문에 여생이 짧다는 것을 깨닫고 여동생의 영향도 있어 종교 쪽으로 기운 것 같다.

파스칼
(1623~62)

당시의 저서에는 종교적인 것이 몇 가지나 남아 있다. 그의 문체(文體)는 경쾌하고 솔직한 표현을 채택하였기 때문에 "그 뒤의 프랑스어에 새로운 문체를 도입하였다"라고 일컬어지고 있다.

그후 다시 수학의 연구에 되돌아갔다. 그 무렵의 업적으로서는 사이클로이드(cycloid)의 발견이 유명하다.

다시금 『그리스도교 변증론』을 발표하려고 생각하고 있었으나 질병 때문에 완성하지 못하고 1662년 8월 19일 39세의 젊은 나이로 타계하였다.

그가 죽은 뒤 근친자나 폴 로와이얄 수도원의 친구들이 파스칼이 써서 남긴 원고를 정리하여 출판한 것이 유명한 『팡세』, 즉 『명상록』이다.

그가 말한 유명한 말에 "크레오파트라의 코가 조금 더 낮았다면 세계의 역사는 바뀌었을 것이다"라는 것이 있다.

또 한 사람의 천재소년 가우스에 대해서도 간단히 언급하기로 한다.

가우스는 독일의 수학자로 앞에서 말한 파스칼이 귀족의 집안에서 태어난 것에 반하여 가난한 벽돌공의 집안에서 1777년 4월 30일에 태어났다. 아버지의 이름은 게프하르트 디트리히 가우스라 하고 어머니는 옛 성을 드로테아 벤츠라고 하였다.

아버지는 가우스를 자신과 같은 벽돌공을 시킬 예정이었으나 어머니는 가우스 소년이 비범한 재능을 갖고 태어난 것을 알고 현명한 숙부 프리드리히 벤츠의 조언에 따라 7세 때 국민학교에 입학시켰다.

이 국민학교에서 9세(일설로는 10세) 때 유명한 등차수열의 합의 공식, 즉

$$1+2+3+\cdots\cdots+n=\frac{n(n+1)}{2}$$

을 발견해서 담임인 뷰트너 선생을 놀라게 한 것은 유명한 이야기로서 전해지고 있다.

이것이 화제가 되어 드디어는 브라운 슈바이히 군주(君主), 페르디난트 대공(大公, Prince Ferdinand of Braunshweich, 1735~1806)의 귀에 들어갔다. 대공의 원조에 의해서 15세 때 괴팅겐(Göttingen) 대학에 진학하여 수학, 천문학 이외에 현대의 현금카드나 비디오 테이프에 이용되고 있는 전기자기학을 연구하였다.

괴팅겐 대학에서 4년간 공부한 뒤 1799년, 22세 때 헬름스테트(Helmstedt) 대학에서 공부하여 학위를 취득하였다.

그때의 논문은 대수학의 기초론「대수방정식의 근의 존재정리의 증명」으로 되어 있는데 그 이론이 엄밀하고 증명의 방법이 선명한 것에 당시의 수학의 교수들은 감탄하였다고 한다.

그 2년 후 1801년, 24세 때 출판한 불후의 명저『정수론연구(*Disquisitiones Arithmeticase*)』는 그의 학위논문을 책으로 한 것으로 이에 의해서 그는 학계에서 일약 유명인이 되었다.

1807년, 30세에 괴팅겐 대학 교수와 천문대장에 임명되고 평생 그 두 가지 직종에 머물렀다.

가우스가 연구한 자기학에서는 '가우스'라고 이름이 붙은 공식이나 단위이름이 많이 있다는 것에 의해서도 그가 얼마나 위대하

가우스
(1777~1855)

였는가를 알 수 있을 것이다. 가우스는 곧고 강한 성격의 소유자였는데 예리한 지성과 유머가 풍부한 양식(良識)의 소유자이기도 하였다.

가우스가 태어났을 때부터 어머니는 97세에 타계할 때까지 그녀의 자랑의 밑천은 항상 가우스에 대한 것이었다. 한편 가우스 자신도 항상 편을 들어 공부를 시켜준 어머니에게 깊이 감사하고 있었다. 그러나 어머니는 가우스가 훌륭한 인간이 될지 어떨지 걱정을 하고 가끔 의문을 갖고 있었던 것 같다. 그 때문에 그가 19세 때 학교친구 볼프강 보야이에게 "아들의 장래에 가망이 있는지 어떤지"를 물었다고 한다.

그때 보야이는 "유럽 최고의 수학자가 될 것입니다"라고 대답하였다 한다. 그러나 가우스는 세계 최고의 수학자의 한 사람이 되었다.

가우스의 어머니는 생애의 마지막 22년간을 가우스의 집에서 지냈는데 최후의 4년간은 눈이 보이지 않았다. 그러나 가우스는 자기 이외의 누구에게도 어머니의 간병을 시키지 않았다.

가우스는 소년시대의 어머니의 용기 있는 원조에 대하여 어머니의 노후를 안락하게 생활할 수 있도록 보답한 것이다. 무지(無知)한 아버지와의 의견대립을 언제나 어머니의 이해에 따라서 면학에 전념할 수 있었기 때문일 것이다.

어머니는 1839년 4월 19일 타계하였는데 그 날은 가우스의 62세의 생일보다 11일 전의 일이었다.

어머니는 1776년 34세에 가우스의 아버지와 결혼하고 1806년

64세 때 남편과 사별하여 33년간 가우스에 의존하여 살아온 셈이다.

가우스가 남긴 유명한 말 '수학은 과학의 여왕이다'는 지금도 계속 살아 있다.

파스칼과 가우스는 태생은 +와 −만큼 다르지만 소년시절부터 '신동이나 재주있는 사람'이라 일컬어지고 평생을 순조롭게 +로 향해서 나아가고 타계하여 제로로 돌아간 것이다.

그러나 가우스는 한번은 제로로 향할 뻔한 사고가 있었다. 그것은 눈이 녹은 물로 불어난 운하에서 익사하기 직전 한 노동자의 필사의 노력에 의해서 구조된 것이다.

3·3 영웅의 말로는 제로인가 마이너스 ∞인가?

세상에는 '영웅의 말로'라는 말이 있다. 세계사를 펴서 읽으면 많은 영웅이 활약하고 있다. 그러나 뭐니해도 나폴레옹은 대황제이고 대영웅일 것이다. 그는 수학 성적이 좋았다고 한다.

나폴레옹(1769~1821)이 말하기를 "수학의 진보개선은 나라의 번영을 좌우한다"라고. 확실히 포병대위였던 그는 탄도학(彈道學)을 공부하였을 것이다.

유럽을 점령하고 아프리카에까지 손을 뻗친 것은 훌륭하였지만 러시아를 공격하여 모스크바를 점령했으나 대화재를 만나 패배한 것이 운이 다한 것이다. 그 뒤는 연합군에 패배하여 코르시카 섬에 유배되었고 그 뒤에 재기(再起)는 하였지만 선향불꽃처럼 the end가 되었다. 그러나 한 장교에서 대황제가 되는 길은 보통 사람에게는 할 수 없는 훌륭한 것이라 할 수 있을 것이다.

수학적으로 생각하면 제로에서 출발하여 자꾸만 +∞의 방향

나폴레옹
(1769~1821)

으로, 또 제로 가까이 제자리로 되돌아가서 이윽고 죽음과 함께 제로가 되었다.

나폴레옹은 그렇다치고 히틀러는 왜 러시아를 공격한 것일까. 전철을 밟고 모스크바까지 갔으나 동장군(冬將軍), 즉 눈 때문에 패배해 버렸다.

히틀러도 영웅의 한 사람일까. 그도 제로에서 $+\infty$로, 그리고 제로에 되돌아갔다.

3·4 천국과 지옥

인생은 수학으로 비유하면 복소수를 그림표시하는 가우스평면, 즉 복소평면 또는 복소수평면의 실축(x축)상을 우왕좌왕하고 있는 것과 같은 것일까. 응애 하고 태어난 순간부터 0에서 양의 방향으로 나이를 먹어 간다.

이것은 1방향의 시간상에 대한 것이다. 가령 선(善)을 $(+)$, 악(惡)을 $(-)$라고 생각하면 가끔 나쁜 생각이 떠오르거나 실제로 나쁜 일을 하거나 하여 음의 방향으로 제자리로 되돌아 가면서 세월이 경과해 가는 것 같다. 나쁜 일을 할 때마다 $+x$에서 $-x(x')$로, 0인 원점(原点)을 뛰어넘어 순식간에 움직인다. 마치 스피드가 있는 흔들이와 같다.

만일 0로부터의 이동량이 같아 $x=x'$이면 이러한 것을 수학에서는 원점을 중심으로 하는 '점대칭'이라 하고 있다.

그리고 장수를 하고 육체는 제로가 되어 죽음에 이른다. 제로는 영이고, 무(無)이다. 그러나 착한 일을 한 사람의 영(靈, 零

이 아니다)은 천국(극락)으로 연기처럼 자욱이 올라가고 나쁜 일을 한 사람의 영(靈)은 지옥으로 떨어져 간다고 한다.

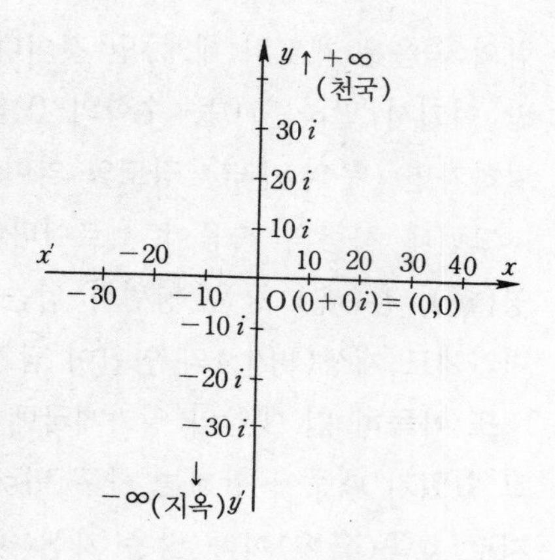

마치 0에서 허축(虛軸, y축)을 자꾸만 올라가면 마지막에는 천국, 즉 +∞이지만 0에서 허축(y축)을 자꾸만 내려가면 드디어는 −∞에 이른다. 천국의 역(逆)이라고 하면, 이것이 지옥인지도 모른다.

이것은 아쿠타가와 류노스케(芥川龍之介)의 『거미줄(蜘蛛の糸』에 나오는 하나의 장면을 생각나게 한다. 이 명단편(名短編)은 지옥에 떨어진 극악인(極惡人)을 가엾게 여기는 석가의 자비와 석가가 늘어뜨린 구조의 거미줄을 자기의 아집(我執) 때문에 끊어버리는 극악인(즉 인간의 에고이즘)을 대조적으로 그린 유명한 동화이다.

물론 독자는 이미 알고 있을 것이다. 그러면 마지막으로 가우스평면을 그려둔다.

▩ 3·5 인간의 죽음과 제로

인간의 죽음과 제로는 전혀 관계가 없는 것같이 생각된다. 그러나 '영원히 잠든다'라든가 '사후(死後)의 세계는 무이다' 등이라 말하는 사람도 있는 것처럼 사람의 죽음이 '꿈을 꾸는 일이 없는 영원한 잠'이라는 것은 우선 틀림없는 일일 것이다. 즉 〈사람의 죽음은 제로의 세계〉인 것이다! -라고 필자는 생각한다. 다만 여기서 말하는 0는 수학의 0를 가리키고 있는 것은 아니고 말하자면 〈무의 개념〉 정도의 의미이다.

그런데 사람의 죽음이 제로이다라는 것은 육체만의 현상이고 영(靈), 혼(魂) 등은 영원히 남는 것으로 된다. 고대 이집트의 미라에도 재생(再生)의 염원이 담겨져 있다.

또 아득히 먼 옛날의 잉카제국에서는 사람의 사후의 부활을 믿고 있었기 때문에 황제는 사후 미라로서 보존되어 생전과 마찬가지로 호족(豪族)이나 많은 가신(家臣)의 시중을 받고 있었다는 것이 16세기의 스페인 사람에 의해서 전해지고 있다.

어째서 이러한 것을 알았는가 하면 잉카제국에는 문자는 없고 신관계급(神官階級)의 지식인이 여러 가지 일을 기억하여 암창(暗唱)함으로써 다음 세대로 정보를 전달해 갔다. 보조수단으로서 '키프'라고 부르는 새끼줄의 매듭에 의한 수의 표시방법, 즉 '기수법(記數法)'의 역할을 하는 것을 사용하고 있었다.

게다가 동물과는 달리 사람은 사자(死者)를 위로하고 조상을 공경하고 있다. 즉 육체는 제로가 되어도 그 영혼은 영구불멸이라고 생각하고 있는 것이다. 따라서 사후의 세계에 '지옥, 극락', '헬(hell, 명토, 지옥)', '인페르노(inferno, 지옥)', '파라다이스(paradise, 극락)' 기타가 있다라는 것은 그럴듯한 발상이다.

그러나 그것을 구경하고 왔다는 사람은 누구 한사람 없는 것 같다. 좀비(zombi) 영화라면 모르되 사자가 소생한다는 것은 이론상 있을 수 없기 때문에-. 또 되살아난 사람도 있지 않느냐라는 반론도 있겠지만 이러한 것은 참된 죽음은 아니었던 것이다.

나쁜 짓을 하면 사람은 '나의 양심'의 가책을 받아 겁에 질리거나 '나는 지옥으로 떨어지는 것이 아닌가'하고 제멋대로 망상을 한다. 양심에 찔리는 것을 피한다는 의미에서는 옳은 행위를 하고 있으면 아무것도 걱정되는 일은 없을 것이다.

그런데 여기까지 과학이 진보된 현재에 도깨비불 등은 존재할 리가 없다. 산길을 혼자 걷고 있을 때 갑자기 냉기(冷氣)가 서리면 '오싹' 하는 느낌을 경험한 독자도 틀림없이 있을 것이다. 공복(空腹)에 멍청하게라도 있으면 〈영(靈)〉을 느끼는 듯한 기분이 되는 일도 있겠으나 이것도 대기의 온도나 습도, 빛 등의 외적 원인과 신체적 원인 때문에 뇌가 자극을 받아 그렇게 되는 것일 것이다.

또한 '나쁜 놈일수록 잠을 잘 잔다'라든가 '독을 먹이면 접시까지'라는 마음의 소유자는 어떠한 나쁜 짓을 해도 태연하게 있을 수 있다 한다. 그러나 하늘의 배제(配劑)는 무섭다. '하늘의 법망은 성긴 것 같으나 악인은 반드시 걸린다'라는 격언처럼 언젠가는 천벌이 내려지는 것 같다.

그러나 이것은 그렇게 되어 있는 것－필연－도 아무것도 아니다. 단지 우연의 일에 지나지 않는다. 말하자면 확률의 문제이다. 개개인의 인생도 인간의 세상도 단순한 우연에 의해서 돌고 있는 것이다. 물리법칙이 지배하는 천체의 운행과 같은 〈필연(必然)〉은 아니다. 자동차의 사고라 해도 1초의 몇 분의 1인가의 차이가 있으면 그 사고는 일어나지 않았을는지도 모른다. 어쩌다가 사고를 당한 것이다.

물론 무엇이든 그렇게 결정되어 있고 우리들이 그것을 모를 뿐이라고 생각하는 사람도 있기는 있다. 〈신의 예정조화(予定調和)〉, 〈운명〉 등이라고 하는 사상이다. 그러나 필자는 그러한 생각은 하지 않는다.

사상, 언론, 종교는 개인의 자유이고 현대 카드시대의 스타인 '자기(磁氣)'의 연구로 유명한 독일의 대수학자 가우스가 "수학은 과학의 여왕이다"라고 말한 것처럼 필자도 과학자의 한 사람이라는 것을 믿고 있기 때문이다.

그러면 앞에서 말한 도깨비불에 대한 이야기를 하겠다. 메이지시대에 태어난 필자의 어머니는 소녀시절 매일밤 조동종(曹洞宗)의 절에 읽기, 쓰기, 주산을 배우러 다녔다고 하는데 어머니의 말씀으로는 "가랑비가 내리는 바람이 없는 밤, 묘지 쪽에서 도깨비불을 가끔 보았다"고 한다.

그런데 도깨비불(人魂)이란 육체에서 빠져 나온 영혼, 즉 유리혼(遊離魂)이 눈에 보이는 형태로 된 것이라 한다. 푸르스름하게 꼬리를 끌면서 부유(浮遊)하는 괴화(怪火) 현상이다. 스피드는 그다지 없다.

영혼이 육체로부터 분리된다는 신앙에 바탕을 두는 것인데 환각이라고도, 미신적인 신앙이라고도 취급되고 있다. 형태나 색깔, 출현시각도 가지각색이다.

이만큼 사람들에게 알려진 것치고는 본 일이 있다는 사람이 극히 적다고 하는 불가사의의 현상이다. 필자도 아직 도깨비불을 본 일이 없다.

소년시절 도쿄도 기다쿠 오지(王子)의 온무천(音無川) 근처에 있던 숙부댁에 가서 묵었을 때 숙부, 숙모가 말씀 하시기를 "어젯밤 도깨비불이 종려나무 부근에 나타났다"고 하여 필자도 두려워하면서 기대하고 있었으나 결국은 볼 수 없었다. 지금 생각하면 무더운 여름밤을 시원하게 보내기 위한 하나의 지혜일지도 모른다. 그렇게 말하고 보면 여름에는 괴담영화가 흔히 상영되고 있었다.

도깨비불에 대해서는 플라스마설도 있지만 도깨비불이란 인(燐)이 습기 때문에 기체로 되어 불타면서 발광하여 둥실둥실 상승하는 것에 불과한 것으로 되어 있다.

그러면 이 절의 표제인 '사람의 죽음과 제로'의 관계인데 '사후의 육체는 제로의 세계이다'라고 필자는 믿고 있다.

부모가 생존해 계실 때 속을 썩혀 드리고 "돌(묘석을 말함)에 이불을 덮을 수 없다"라든가 "효도하고 싶을 때는 부모가 없다"라고 제멋대로 이야기하고 있는데 돌아가셨다고 해서 성묘를 가거나 공양을 드리거나 하여도 죽은 본인에게 전달된다고는 도저히 생각되지 않는다.

"사후의 육체는 무, 즉 제로이다" 공양(供養)은 시주(施主)의 일시적인 위안에 지나지 않는다. 기분문제라면 그건 그것으로 괜찮겠지마는—.

물론 유감스럽게도 현대사회에 있어서 '부모에 대한 효도'라는 낡은 말은 이제 불필요(사어, 死語)한지도 모른다. 단지 부모에게 걱정을 끼치지 않고 독립해 준다면 그것으로 잘했다고 하지 않으면 안될 것이다.

어떻든 필자가 생각건대 제로란 '사람의 사후'를 극히 간단한 두 문자로 나타내고 있는 것이다. 육체가 사후 제로가 된다는 것은 누구도 의심할 여지가 없다. 그런데 거의 모든 사람이 영혼은 불멸의 것이라고 믿고 있다. 그 때문에 고대 이집트, 잉카제국, 주존지(中尊寺)의 후지와라(藤原) 3대 미라처럼 생전의 모습 그대로 유체(遺體)를 보존하여 권력자가 현세와 변함없이 있고 싶다고 기원하였다.

데와미야마(出羽三山) 부근의 고승(高僧)의 미라는 진언밀교(眞言密敎)의 즉신성불(卽身成佛)의 사고방법에서부터 생긴 것으로 생전에 목식(木食, 역주 : 나무열매만 먹고 사는 것)에 철저하고 게다가 단식을 계속한 뒤 살아 있으면서 땅속으로 들어가는 것이다.

아무래도 보통의 식사를 하고 있다가는 내장이 부식되어 미라가 되지 않는 것 같고 일설에는 인체가 미라화(化)되기 위하여는 생전에 끈기 있게 수은이나 옻을 마시고 있었던 것은 아닌가라고도 일컬어지고 있다.

그러나 세계적으로 보면 일반 서민은 죽은 뒤 흙 속에 묻히는 사람이 많고, 이것은 흙으로 돌아간다라는 것을 말하는 것 같다. 석가모니가 화장되었다는 것과 국토가 좁다는 것이나 위생적인 면에서 일본에서는 화장을 많이 하고 있다.

건강에 주의하고 사고를 당하지 않도록 명심하여 제로의 세계로 들어가지 않도록 분발하자. 두 번 다시 올 수 없는 현세(現世)이다. 다음에 다시 태어나면 개나 돼지일지도 모른다. 어처구니없는 일이 된다.

4

여러 가지 숫자와 일본의 수사

▨ 4·1 잉카제국의 결승(結繩)이란?

15세기에서 16세기 초까지 남아메리카의 중앙 안데스 지방, 즉 페루·볼리비아를 지배한 고대제국 잉카(Inca)에서 지금으로부터 800년쯤 전에 새끼줄의 매듭 수에 의해서 수를 나타낸 '키프(결승)'라는 방법이 고안되었다. 키프는 당시의 인구나 가축수의 기록에 이용된 것 같다.

그 이전에 세계 각지에서 발생한 수사, 즉 수를 나타내는 좋은 방법은 단순히 음성으로 수를 나타낼 뿐이고 기록할 수는 없었다.

따라서 키프는 그 지방 숫자의 시초라고 생각해도 되는데, 한편 아득히 먼 옛날에는 세계 각지에서 막대기나 돌, 유리알의 수에 의해서 수를 표현하고 있었던 것 같고 그중에는 부족(部族)의 결정에 따라서 사자의 머리는 1, 독수리의 날개는 2, 세잎 클로버는 3, 가축은 4, …… 등으로 나타내거나 뉴기니아의 어떤 부족처럼 인체의 일부를 손가락으로 가리켜서 새끼손가락은 1, 무명지는 2, 중지는 3, 인지는 4, ……등으로 나타내고 있었던 것 같다.

키프의 형태는 잘 알려져 있지 않으나 다음과 같은 것이 아니었는가라고 생각된다. 그렇지만 큰 수를 나타내려면 고생을 하였을 것이다.

오키나와 지방에서도 새끼줄의 매듭 수에 따라서 수를 나타내고 있던 시대가 있다고 한다.

그것은 굵기나 그 밖의 방법에 의해서 큰 수나 작은 수를 구별하고 있었던 것 같다.

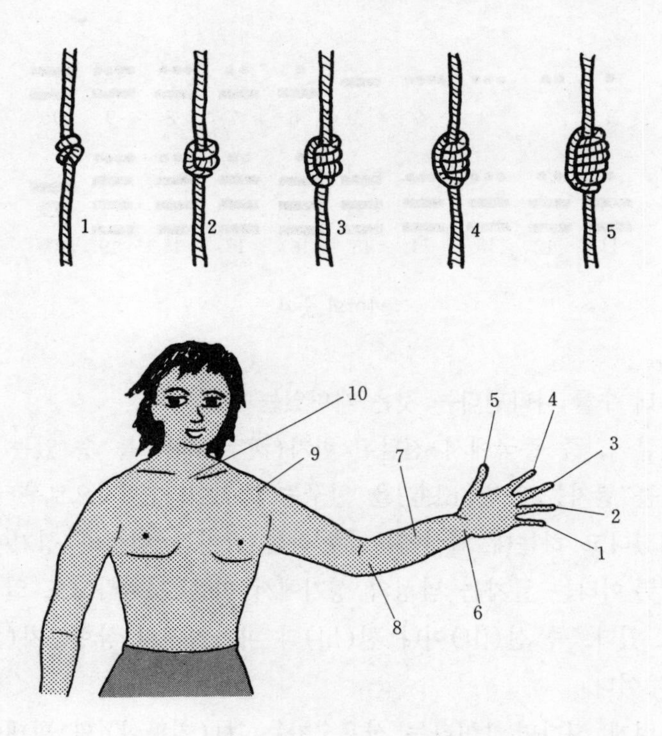

▩ 4·2 ●는 여성, ▬는 남성의 마야 숫자

기원전 3000년경 중미의 과테말라 서부의 고지에 정착한 마야족에는 인도보다 일찍부터 숫자가 있었다고 한다.

즉 ●와 ▬로 1부터 19까지를 나타내고 20진법의 20진수로 되어 있었던 것 같다.

그러나 그 내용물을 보면 5진법, 즉 한 손의 손가락의 수를 본보기로 한 것과 같은 것이다.

원시적인 생각에서인지 ●는 여성, ▬는 남성이라 일컬어지고 있는데 언뜻 보아 알 수 있는 것처럼 남녀의 성기(性器)의 형태

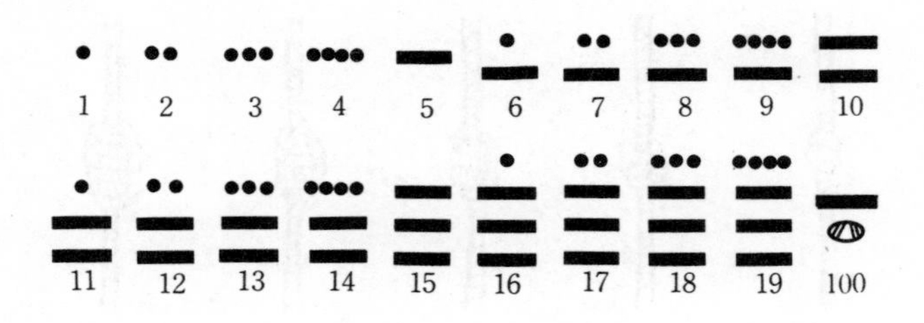

마야의 숫자

로부터 수를 나타낸다는 것은 재미있는 발상이다.

일본어, 즉 중국에서 전달된 한자(漢字)에서 볼 수 있는 '男'이라는 글자는 논밭〔田畓〕을 일구는 力男이라는 것으로부터 만들어졌다고 하는데 일설에는 '女'라는 글자는 여성의 성기에서, 또 '男'이라는 글자는 남성의 성기에서 따온 것이라고도 일컬어지고 있다. 즉 산(山)이나 천(川)과 마찬가지의 상형문자(象形文字)이다.

그렇게 된다면 1이라는 산용숫자는 '杖(지팡이)'의 형태에서 나왔다고 하는데 '사람이 서 있는 모습'이라고도 생각되고 있다. 또한 한숫자(漢數字)의 '一'은 사람이 누워 있는 모습에서 땄다고도 일컬어지고 일본어에서는 아득히 먼 옛날 '一'을 '히토'라든가 '히토츠'라고 하는 것처럼 '人(히토)'라는 한자가 들어오기 전부터 사용되고 있었던 것 같다.

그런데 마야의 20진수에 대한 것인데 20이 되면 새로운 단위로 된다고 하는 것이나 그 표현방법을 필자는 아직 본 일이 없다.

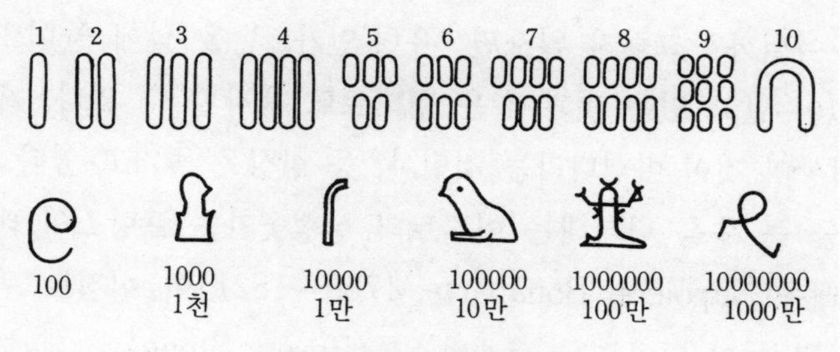

고대 이집트의 숫자

▩ 4·3 고대 이집트의 숫자

고대 이집트의 숫자는 다음과 같이 되어 있었다. 상형숫자이다. 상단의 것은 어디서 본 일은 없을까. 그렇다. 마작(麻雀)의 패(牌)에 그려져 있는 숫자와 같다.

1은 수직의 막대기, 10은 방목한 소의 연결도구, 100은 길이를 재는 측량밧줄, 1000은 연꽃의 잎이라는 설도 있지만 필자에게는 새나 동물처럼 느껴진다.

그런데 당시에도 상당히 큰 수를 나타낼 필요성이 있었던 것 같다. 위의 10000 이상의 큰 숫자는 무엇을 나타내고 있는지는 불명이지만 전문가의 상상에 따르면 1만은 '손가락을 구부린 형태', 10만은 '모캐(burbot)라는 동물의 형태', 또 '올챙이'라는 설도 있으나 필자에게는 개구리 쪽이 연상(連想)하기 쉽다.

100만은 '너무 수가 크기 때문에 사람이 놀라고 있는 형태'라 한다. 그와 같이 생각하면 1000만은 '지나치게 커서 전혀 실감할 수 없는 수'라는 의미일 것이다. 그래서 이러한 형태를 생각하였다고도 상상할 수 있다.

1000만은 사람이 깜짝 놀라 넘어진다, 즉 사람이 넘어지는 형태는 아닐까? 그렇지 않으면 '유령'인가. 손을 앞에 늘어뜨리고 발 없이 날고 있는 것과 같은 형태로도 생각할 수 있다. 혹시나 이 세상의 것이 아니다라는 것인가, 등 상상을 즐기고 있다.

이들 큰 수를 나타내는 이집트의 상형숫자는 프랑스의 대황제 나폴레옹(Napoléon Bonaparte, 1769~1821)이 이집트 원정에서 갖고 돌아온 유명한 로제타스톤(Roseta Stone)에 새겨져 있었다.

로제타는 이 돌비석이 발견된 나일강 하구의 지명이다. 높이 약 114cm, 폭 약 72cm의 흑색 현무암(玄武岩)의 돌비석으로 현재 대영박물관에 소장되어 있다.

이들 상형숫자가 실제로 사용되고 있었던 것은 기원전 3000년 이상이나 옛날부터이다. 여기서도 제로의 탄생은 아직 찾아낼 수는 없다.

▩ 4·4 바빌로니아의 설형숫자

메소포타미아 남부의 바빌로니아에서는 기원전 4000년경 수메르인의 도시국가가 일어나 바빌로니아 문명의 기초가 되는 도시문명이 차츰 번성하고 있었다.

그 무렵 점토(粘土) 판을 만들어 반쯤 건조시킨 것에 조각칼과 같은 도구로 화살촉 형태의 홈을 파서 숫자를 적었다. 이것이 '바빌로니아의 설형숫자'이다.

일설에는 부드러운 점토판 위에 갈대나 대추야자의 V자형의 절단면을 갖는 줄기를 잘라내서 연필 대신 사용하고 있었다 한다.

이것으로는 도장처럼 찍었다고 생각되는데 숫자가 검게 보이는

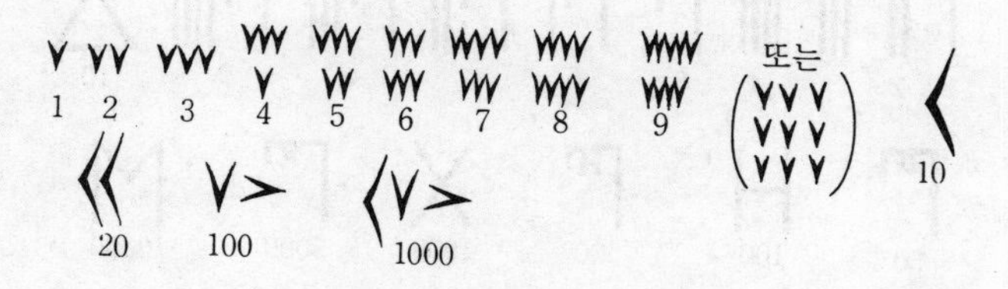

바빌로니아의 설형숫자

것은 도료라도 사용했기 때문일까?

지금 생각하면 건조지대라는 풍토상의 문제도 있었을 것인데 종이나 연필이 없는 시대에 숫자를 생각하여 그것을 사용한다는 것은 전적으로 애를 쓴 결과라고밖에는 말할 수 없다.

위와 같은 바빌로니아의 설형숫자의 10은 서적에 따라서는 ◀로 되어 있거나 〈로 되어 있는데 어느 쪽이 많이 사용되고 있었는지는 분명치 않은 것 같다.

또한 1을 나타내는 숫자도 ∨로 되어 있거나 ▼로 되어 있거나 하기 때문에 어느 쪽을 신용해야 되는지 분명치 않다.

지방차나 개인차와 같은 것으로 물론 도구의 차이도 있었을 것이고 결국 어느 쪽이라도 괜찮았던 것은 아닐까라고 필자는 생각하고 있다. 여기에서도 제로의 탄생은 아직 볼 수 없다.

당시를 그리워하며 1992를 바빌로니아의 설형숫자로 적으면 다음과 같이 되는 것일까.

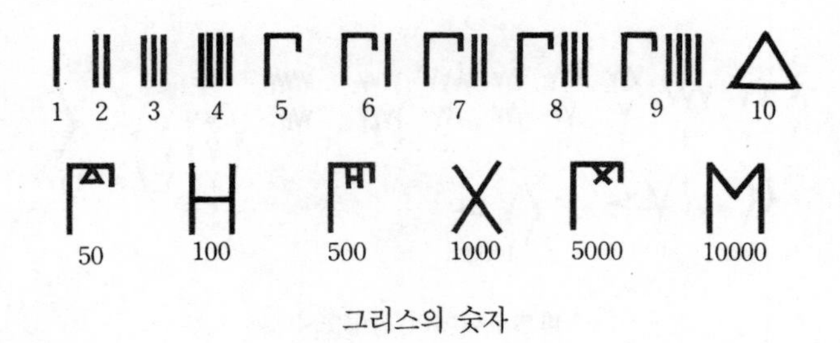

그리스의 숫자

▩ 4·5 그리스의 숫자

다음에 보여주는 그리스의 숫자는 기원전 6세기경부터 그리스의 아테네 부근에서 사용되기 시작하여 기원전 3세기 경에 공용(公用)숫자로서 사용되었다고 한다.

고대 이집트의 숫자보다 한층 추상화가 진전되어 있음을 알 수 있다.

그런데 1, 2, 3, 4는 원시시대부터 사람이 서 있는 모습이나 막대기나 통나무 등으로 수를 나타내고 있는 것에 대한 남아 있는 흔적이라고 생각된다. 5의 형태는 그리스어의 5의 수사의 머리문자 Γ을 나타내고 500은 5(Γ)와 100(H)를 조합하여 𐅅로 하고 5000은 5(Γ)와 1000(X)을 조합하여 𐅆로 한 것이다. 그와 같이 생각하면 10000(M)은 역시 1만의 수사의 머리문자일 것이다.

그런데 기원전 5세기경에 상기의 기수법 이외에 그리스문자의 알파벳을 그대로 숫자로서 이용한 것 같다.

다음에 그 기수법을 나타내어 둔다. 여기서도 0의 탄생은 전혀 없었다.

α	β	γ	δ	ε	ϛ	ζ	η	θ	ι
1	2	3	4	5	6	7	8	9	10

ν	ρ	ϕ	$,\alpha$	M
50	100	500	1,000	10,000

이 기회에 그리스문자의 대문자와 소문자, 그리고 그 읽기를 적어둔다.

그리스 문자

대문자	소문자	읽는 방법	대문자	소문자	읽는 방법
A	α	알파	N	ν	뉴
B	β	베타	Ξ	ξ	크사이
Γ	γ	감마	O	o	오미크론
Δ	δ	델타	Π	π	파이
E	ε	엡실론	P	ρ	로
Z	ζ	지타	Σ	σ	시그마
H	η	이타	T	τ	타우
Θ	θ, ϑ	시타	Υ	υ	입실론
I	ι	요타	Φ	ϕ, ϕ	파이
K	κ	카파	X	χ	카이
Λ	λ	람다	Ψ	ψ	프사이
M	μ	뮤	Ω	ω	오메가

4·6 로마숫자

로마숫자는 현재에도 시계의 문자판 등의 장식용에 사용되고 있다. 필자의 어린시절에는 대부분의 괘종시계의 문자판이 로마숫자였다.

그 무렵 어쩌다가 새로운 괘종시계를 사오면 문자판이 산용숫

1	2	3	4	5	6	7	8	9	10
I	II	III	IIII	V	VI	VII	VIII	VIIII	X

11	12	13	14	15	20	25
XI	XII	XIII	XIIII	XV	XX	XXV

30	40	50	60	90	100	200	500	1000
XXX	XL	L	LX	XC	C	CC	D	M

로마숫자

자였기 때문에 현대적인 감각으로 받아들인 것 같아 이웃사람들이 구경하러 온 기억이 있다.

그런데 로마숫자는 다음과 같이 되어 있다.

1, 2, 3 등은 그리스숫자와 발상은 같아서 막대기와 통나무 또는 서 있는 사람이라 한다.

그러나 5는 V이고 4는 5−1에서 Ⅳ, 6은 5+1에서 Ⅵ, 7은 5+2에서 Ⅶ, 8은 5+3에서 Ⅷ로 되어 있다.

그런데 10은 X로서 9는 10−1에서 Ⅸ, 11은 10+1로 Ⅺ, ……로 되어 있다.

잘 관찰하면 큰 수를 기준으로 하여 좌측에 있는 것이 빼는 수, 우측에 있는 것이 더하는 수라는 구조로 되어 있음을 알 수 있다.

그러나 4를 IIII, 9를 VIIII라고 쓰는 일도 있는 것 같다.

문자(숫자)의 위에 −를 붙이면 그 1000배의 의미이다. $\overline{X}$는 10000이 된다. 1992는 MCMXCII이다.

이러한 숫자는 10진수이지만 5를 V로 한 것이나 50을 L, 500을 D로 한 것으로 5진법이 섞인 10진수로 되어 있다.

앞에서 말한 그리스의 숫자는 수사의 스펠(spell)의 머리문자를 사용하고 있었으나 로마숫자의 V, X는 머리문자는 아니라고 생각되기 때문에 무슨 형태에서 따왔는지 필자는 들은 적이 없다.

아마 V는 V사인(신호)이나 엄지와 인지를 펼친 형태 또는 가위, 바위, 보의 '가위'는 아닐는지.

또 10이 X로 되어 있는 것은 1, 2, 3, ……으로 9까지 와서 10은 양손을 교차시켜 X의 형태이고 5+5=10으로 하였는지도 모른다.

실제로는 무언가의 의미가 있었음에 틀림없다. 그러나 여기에도 제로의 탄생은 없었다.

말이 나온 김에, 중세 로마숫자의 예에서는 A=50 또는 500, B=300, E=250, F=40, G=400, H=200, J=1, K=250, N=10, O=11, P=400, Q=500, R=80, S=7 또는 70, T=160, Y=150, Z=2000으로 되어 있었다고도 한다.

▩ 4·7 한숫자와 구미의 대단위

일본에는 아주 옛날부터 '수사(數詞)', 즉 세는 방법은 있었던 것 같으나 독자적인 숫자는 없었다. 그래서 중국으로부터 한자와 함께 들어온 '한숫자'를 사용하게 되었다. 이 숫자가 지금도 사용되고 있는 셈인데 고대중국의 숫자와는 글씨체가 다소 다른 것 같다.

이 수사는 네 자리씩 구획하는 '만진법'인데 미국 등 세계에서 사용되고 있는 수사는 세 자리씩 구획하는 '천진법'으로 되어 있다. 일본에서도 경리계산은 서양식의 세 자리 구획법을 사용하고

고대 중국 一 二 三 亖 五 ∧ 十 八 ㄎ |

현재 一 二 三 四 五 六 七 八 九 十

한숫자

있어 세 자리마다 콤마(,)를 찍어서 수를 표시하고 있다.

즉 1, 234, 567, 890이 되지만 12억 3456만 7890으로 읽는 방법은 네 자리 구획이다.

바꿔 말하면 일본에서는 일(一), 십(十), 백(百), 천(千)으로 자리가 올라가서 '만(萬)'이 되고 다시 일, 십, 백, 천으로 자리가 올라가 '억(億)', 이하 마찬가지로 '조(兆)', '경(京)'……으로 되어 있다.

구미에서는 일, 십, 백으로 자리가 올라가 '천', 즉 'thousand'니까 1만이라고 할 때는 '10천', 즉 'ten(10) thousand'라는 것이 된다.

다시 세 자리 올라간 100만이 '밀리언(1 million)'이 되기 때문에 억(億)은 '헌드레드·밀리언(1 hundred million)'이 된다. 마찬가지로 세 자리 올라가 '빌리언(1 billion)'. 이것은 일본의 10억에 해당된다.

다만 1 billion=10억이라는 것은 미국, 프랑스에서 사용하는 것으로 영국, 독일에서의 빌리언은 일본의 조(兆)에 해당되기 때문에 주의하지 않으면 안된다. 그러나 영국에서는 1951년 이후 10억의 의미로 사용되는 일이 많다.

또다시 1000배 한 것이 '트릴리언(1 trillion)'－이것은 일본의

한숫자와 구미의 수사

10^{0}	一	one	10^{23}	千垓		10^{46}	百載	
10^{1}	十	ten	10^{24}	秭		10^{47}	千載	
10^{2}	百	hundred	10^{25}	十秭		10^{48}	極	
10^{3}	千	thousand	10^{26}	百秭		10^{49}	十極	
10^{4}	万	ten thousand	10^{27}	千秭		10^{50}	百極	
10^{5}	十万		10^{28}	穰		10^{51}	千極	
10^{6}	百万	million	10^{29}	十穰		10^{52}	恒河沙	
10^{7}	千万		10^{30}	百穰		10^{53}	十 〃	
10^{8}	億	hundred million	10^{31}	千穰		10^{54}	百 〃	
10^{9}	十億	미국·프랑스 billon (1951년 이후 영국에서도 사용되는 일이 많다.)	10^{32}	溝		10^{55}	千 〃	
10^{10}	百億		10^{33}	十溝	미국·프랑스 decillion	10^{56}	阿僧祇	
10^{11}	千億		10^{34}	百溝		10^{57}	十 〃	
10^{12}	兆	미 trillion 영·독 billion	10^{35}	千溝		10^{58}	百 〃	
10^{13}	十兆		10^{36}	澗		10^{59}	千 〃	
10^{14}	百兆		10^{37}	十澗		10^{60}	那由他	영·독 decillion
10^{15}	千兆		10^{38}	百澗		10^{61}	十 〃	
10^{16}	京		10^{39}	千澗		10^{62}	百 〃	
10^{17}	十京		10^{40}	正		10^{63}	千 〃	
10^{18}	百京	영 trillion	10^{41}	十正		10^{64}	不可思議	
10^{19}	千京		10^{42}	百正		10^{65}	十 〃	
10^{20}	垓		10^{43}	千正		10^{66}	百 〃	
10^{21}	十垓		10^{44}	載		10^{67}	千 〃	
10^{22}	百垓		10^{45}	十載		10^{68}	無量大數	

1조에 해당되지만 이것은 미국에서의 일이다. 영국, 독일, 프랑스에서의 트릴리언은 일본의 100경(京)에 해당한다.

거기에다 또한번 1000배 하면 '데실리언(1 decillion)'이 되는데 미국, 프랑스에서는 1000의 11제곱, 즉 1000^{11} 또는 $(1\ \text{thousand})^{11}$이 되어 1밑에 0이 33개 붙게 된다. 이것을 일본의 수사로 하면, 만, 억, 조, 경, 해(垓), 시(秭), 양(穰), 구(溝)의 '구'를 사용해서 10구가 된다.

한편 영국, 독일에서는 100만의 10제곱, 즉 $(100만)^{10}$ 또는 $(1\ \text{million})^{10}$으로 되어서 1 밑에 0가 60개 붙는 것이 된다. 이것도 일본의 수사로 하면 구(溝), 간(澗), 정(正), 재(載), 극(極), 항하사(恒河沙), 아승기(阿僧祇), 나유타(那由他)의 '나유타'를 사용하여 1나유타가 된다.

인도에서 중국을 거쳐 일본에 들어온 수의 큰 단위도 그럴만하지만 구미에도 큰 단위가 있었다는 것에 놀라움을 느낀다.

그러나 한숫자에도 제로는 눈에 띄지 않는 것 같다. 위와 같이 한숫자의 큰 것과 구미의 큰 수사를 적었는데 참고로 비교대조표를 실어둔다.

일설에 따르면 항하사(10^{56}), 아승기(10^{64}), 나유타(10^{72}), 불가사의(10^{80}), 무량대수(無量大數, 10^{88})로 되어 있고 무량과 대수를 나눠서 무량(10^{68} 또는 10^{88}), 대수(10^{72} 또는 10^{96})로 되어 있는 것도 있다.

▩ 4·8 일본의 수사

앞에서 말한 것처럼 일본 고래의 숫자는 없었으나 수사, 즉 세는 방법은 아득한 먼 옛날부터 있었던 것 같다.

즉 '히, 후, 미, 요, 이, 무, 나, 야, 고, 도'로 되어 있었으나 그 뒤 옛날의 손가락의 명칭에서 딴 '타, 토, ㅊ' 등을 붙여서 '히토, 후타, 미ㅊ, 요ㅊ, 이ㅊ, 무ㅊ, ……' 등이라 했는데, 또다시 변화하여 '히토ㅊ, 후타ㅊ, 밋ㅊ, 욧ㅊ, 이ㅊㅊ, 뭇ㅊ, 나나ㅊ, 얏ㅊ, 고코노ㅊ, 도오'로 된 것이다.

그런데 1부터 10까지를 '이치, 니, 산, 시, 고, 로쿠, 시치, 하치, 구(큐), 쥬'라고 한자음(漢字音)으로 읽게 된 것은 중국에서 한숫자가 들어오고 나서부터이다. 그러나 제로의 탄생은 없었다. 이 정도에서 잠깐 본 줄거리에서 벗어나 생각하기로 하자.

에도 시대에 '니하치(二八)소바(역주 : 밀가루와 메밀을 2 : 8로 섞은 메밀국수)'라는 음식이 있었는데 메밀가루 8, 밀가루 2의 비율로 만들어져 있었다. 밀가루는 '차지게 하는 것'이라 하여 메밀가루만으로 반죽이 잘 되지 않기 때문에 넣은 말하자면 접착제이다.

그런데 니하치소바는 『수정만고(守貞漫稿)』에서는 2×8=16에서 16문(文, 옛날 돈의 단위)이었다고 하는데 1문의 가치는 그렇게 작은 것이었는가. 그렇지 않으면 라쿠고(落語, 역주 : 옛날 일본의 만담)인 『도키소바』의 소재(素材)였는가.

에도시대의 또하나의 이야기로서 1푼은(1分銀)이라는 화폐 4매로 금화(金貨)인 일량소판(1兩小判) 1매와 교환되고 있었다. 이것은 4진법이다. 당시 일본에서는 은의 산출량이 적었다.

또한 25냥(兩)을 화지(和紙)로 싸서 '기리모치(切り餅)'라 하고 기리모치 4개가 100냥(兩)으로 되어 있는 것은 시대극(時代劇) 등에서 흔히 눈에 띄는데 서민에게는 평생 볼 수 없는 큰 돈이었다.

당시 '도미쿠지(富籤, 역주 : 에도 시대에 유행했던 복권의 일종)'라는 것이 판매되어 당첨되면 1000냥이었는데 현대의 1억 원짜리 복권과는 비교도 안될 만큼의 큰 돈이었다.

필자가 어렸을 무렵, 지금부터 60년쯤 전에는 10엔짜리 지폐는 여간해서 볼 수 없어 그것을 갖고 있는 사람은 의기양양해지고 주위사람도 '한번만 보여줘'라고 한 것이다. 100엔짜리 지폐 등은 평생 보지도 못하고 죽은 사람이 대부분이라는 시대였다.

또한 八(팔)의 글자가 붙은 것 등은 크다든가, 넓다든가, 끝이 퍼져서 재수가 좋다는 등의 의미로 사용되고 있어 '야마타노오로치(八岐大蛇, 전설상의 큰 뱀)', '야오요로즈(八百万)의 신(수많은 신들)' 등이라는 말이 지금도 사용되고 있다.

10 이상의 수는 20(니쥬, 이십), 30(산쥬, 삼십), ……, 100(햐쿠, 백), 1000(센, 천)으로 얼마든지 큰 수사가 있는 셈인데 一, 十, 百, 千을 '소단위'라 하고 万, 億, 兆, 京, ……을 '대단위'라 말하고 있다.

현재의 일본에서는 대단위는 조(兆)까지밖에 사용되지 않고 있다. 앞에서 말한 것처럼 필자의 소년시대의 일본의 국가예산은 23억 엔 정도로 기억하고 있다. 현재의 국가예산은 조단위를 사용하고 있다. 머지않아 경(京)의 시대가 도래할지도 모른다.

참고로 인도에서 발생하여 중국을 거쳐 일본으로 전해진 큰 단위의 명칭을 재차 표시한다.

또한 현재 일본에서 사용되고 있는 미터법의 호칭과 기호도 아울러 실어 둔다.

여기까지 오면 제로 없이는 이야기할 수 없다. 기수법(記數法)의 정비(整備)와 함께 0는 완전히 정착하여 바야흐로 대활약을 하려 한다는 것이다.

일(一)	십(十)	백(百)	천(千)	만(万)	억(億)	조(兆)
10^0	10^1	10^2	10^3	10^4	10^8	10^{12}
경(京)	해(垓)	시(秭)	양(穰)	구(溝)	간(澗)	정(正)
10^{16}	10^{20}	10^{24}	10^{28}	10^{32}	10^{36}	10^{40}
재(載)	극(極)	항하사(恒河沙)	아승기(阿僧祇)	나유타(那由他)		
10^{44}	10^{48}	10^{52}	10^{56}	10^{60}		
불가사의(不可思議)	무량대수(無量大數)					
10^{64}	10^{68}					

인도의 명수법(命數法)

그런데 예부터 세계각지에서 발달한 숫자는 12진수나 60진수가 많이 사용되었는데 이것은 기원전부터 발달되어 있던 분수의 영향이 큰 것은 아닐까. 왜냐하면 물건을 나누거나 등분(等分)하거나 할 경우 약수(約數)가 많은 편이 편리하기 때문이다.

10의 약수는 1, 2, 5, 10의 4개이지만 12의 약수는 1, 2, 3, 4, 6, 12의 6개 있고 60의 약수는 1, 2, 3, 4, 5, 6, 10, 12, 15, 20, 30, 60의 12개가 되어 작은 수로서는 빼어나게 약수가 많음을 알 수 있다.

아득한 먼 옛날의 사람은 60을 '신께서 내려주신 수'라고 생각하고 있었다고 한다.

이러한 까닭으로 시간, 시각, 각도, 위도, 경도는 모두 현재도 60진수를 사용하고 있다.

또한 야드·파운드(푸트·파운드)법은 12진법인데 영국에서는 최근까지 이것을 사용하고 있었다.

비율과 기호

배 율	호 칭	기 호
10^{18}	엑사(exa)	E
10^{15}	페타(peta)	P
10^{12}	테라(tera)	T
10^{9}	기가(giga)	G
10^{6}	메가(mega)	M
10^{3}	킬로(kilo)	k
10^{2}	헥토(hecto)	h
10	데카(deca)	da
1		
10^{-1}	데시(deci)	d
10^{-2}	센티(centi)	c
10^{-3}	밀리(milli)	m
10^{-6}	마이크로(micro)	μ
10^{-9}	나노(nano)	n
10^{-12}	피코(pico)	p
10^{-15}	펨토(femto)	f
10^{-18}	아토(atto)	a

이와 관련하여 길이인 1야드(yard)=3피트(feet)=약 0.9144미터, 질량인 1파운드(pound)=16온스(ounce)=약 453.6그램(g)인데 미국과 영국의 차이 등도 있어 까다롭다.

게다가 연필, 맥주 등은 지금도 12개를 1다스(dozen), 12다스(144개)를 1그로스(gross)라 말하고 있다.

▨ 4·9 주판과 산가지

일본에서 현재도 사용하고 있는 '주판'은 중국에서 전해진 것을 개량한 것이다. 주판은 산반(算盤)의 중국어 스안판이 어원이라 한다.

또한 가장 오래된 주판은 기원전 4000년경 고대 이집트에서 사용된 것이다.

주판에 대해서는 이러한 이야기도 전해지고 있다. 나폴레옹 군대의 병사가 포로가 되어 러시아에 억류되어 있을 때 우연히 주판을 보고 사용법을 배워서 프랑스로 가지고 돌아왔다고 한다.

그 주판은 일본에서 유아(幼兒)가 사용하는 '계수기(計數器)'와 같은 것이었기 때문에 프랑스 사람들은 웃었다든가, 깜짝 놀랐다든가, 여러 가지 설이 남아 있다.

알을 축에 꽂아서 움직이는 방식(위 2알, 아래 5알)은 중국의 발명품으로 14~16세기에 걸쳐서 보급되었다고 일컬어지는데 러시아의 주판도 알을 축에 꽂고 있다.

동양의 원시적 계수기가 유럽으로 흘러들어갔는지, 유럽에서 발명된 것이 동양으로 들어온 것인지, 필자로서는 알 수 없다.

러시아의 주판과는 달리 중국의 주판은 천(天)의 알(상단의 알)이 2개 붙은 것이었다.

그 무렵은 하단의 알〔지(地)의 알〕이 5개로서 1, 2, 3, 4, 5가 되면 상단의 알 1개(5를 의미함)와 바꿔놓고 거듭 1, 2, 3, 4, 5로 2개째의 상단의 알을 포개서 내린다. 그래서 다시 왼쪽 꾐대의 알 1개를 올린다.

이 방법은 일본의 다섯알 주판의 시대에도 그와 같이 하고 있었다. 사실상 필자의 아버지도 마찬가지로 하고 있었다. 에도 시대에는 '읽고 쓰기 주판'이라 일컬어진 것처럼 주판은 서민이 반드시 이수해야 할 기능(技能)으로 되어 있었다.

상단이 1알의 주판은 메이지 시대에 개량되었으나 당분간 병용

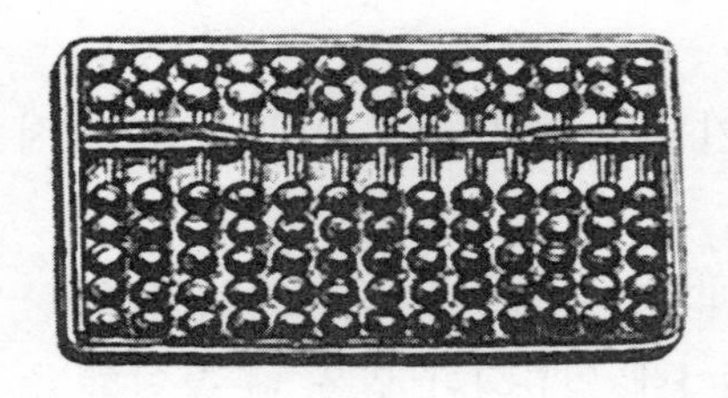

중국의 주판

되고 있었다. 1938년에 국민학교의 정규과목으로 채택되고부터는 4+1 등은 즉각 5, 9+1 등도 즉각 10으로 하여 상단의 알이나 좌측의 꾐대로 옮긴다.

옛날은 일본에서도 유럽에서도 한가로이 계산을 하고 있었던 것이다. 지금에 와서 생각하면 유치한 방법으로 생각되지만 당시로서는 진지하게 이러한 조작을 하고 있었던 것이다.

그러나 빈자리(空位)는 알 없이 나타내기 때문에 제로의 표현의 하나라고 생각해도 된다. 이 점은 고대의 여러 가지 숫자에서는 전혀 볼 수 없었던 것이다.

주판에 대한 이야기는 이 정도로 해두고 산가지에 대해서 이야기하기로 하자.

다음 그림과 같은 작은 목제(木製)의 4각기둥으로서 길이 6~7cm의 것이었다. 이것이 '산가지'라는 계산도구로 총수 200개 정도이다.

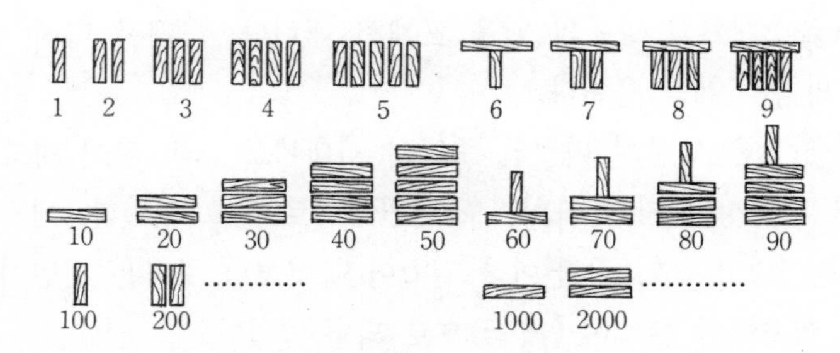

산가지

한편 점술(占術)에 사용하는 산가지는 길이 10cm, 폭 약 2cm의 정사각 기둥체를 하고 있다. 계산기용의 붉은 산가지는 양의 수를, 검은 산가지는 음의 수를 나타내고 있었다.

세로의 1개는 1, 가로 1개를 위에 배열하면 5, 중간쯤에 배열하면 10이다. 수가 적을 때는 괜찮지만 수가 커지면 여러 가지로 연구가 필요하게 되었던 것은 물론이다.

또한 이 산가지는 다원1차방정식, 1원고차방정식을 나타내는 데에도 사용되었다.

세로식의 산가지에 의해서 일, 백, 만 자리의 수를, 가로식의 산가지에 의해서 십, 천 자리의 수를, 제로는 그 부분을 비워서 나타낸다고 약속을 하고 있었다.

따라서 1992라면 다음과 같이 된다.

5

산용숫자와 제로의 여로

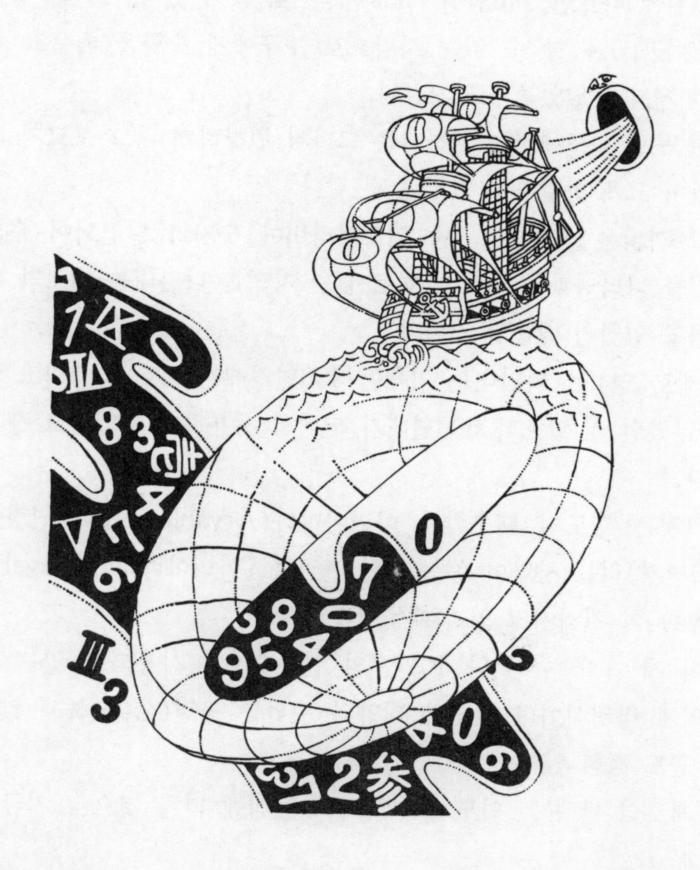

▩ 5·1 인도의 수학과 대수학자들

유럽의 수학은 기원전부터 발달한 기하학이 대부분을 차지하고 있었다.

그러나 이 기하학 만능의 시대에 한 사람의 대수학자(代數學者) 디오판타스 또는 디오판투스(Diophantus of Alexandria, 생몰년 미상)라 불리는 사람이 250년경 이집트의 알렉산드리아에서 활약하고 있었다.

일설에 따르면 246년경~330년경으로 되어 있지만 전혀 생몰년(生沒年)을 알 수 없는 사람으로 누구에게 수학을 배우고 어떠한 제자가 있었는지도 모른다.

이 무렵 인도에서는 기하학은 그다지 번창하지 않고 오로지 대수학이 크게 발달하고 있었던 것 같다.

그 까닭은 산용숫자, 즉 인도아라비아 숫자가 발견되어 수의 크기를 나타냄과 동시에 기호로서 빈 자리를 나타내는 제로가 탄생하고 있었기 때문일 것이다.

'제로(영)'를 나타내는 기호는 450년경에는 아직 사용되고 있지 않았던 것 같으나 500년대가 되어서 사용하게 되었다고 생각된다.

그것은 인도의 대수학자 아리아바타(Aryabhata, 476년경~530년경)라는 사람이 쓴 유명한 출판물 『아리아바티야(Aryabhatiya)』가 전해지고 있기 때문이다.

이 책 속에는 0이나 10진수의 산용숫자가 사용되고 있는 것 이외에 방정식이나 지구가 태양의 주위를 공전(公轉)하고 있는 것 등도 적혀 있다.

'제로의 탄생'은 인도의 수학자의 공적에 따른 것으로 지금까지 계산은 주판에 맡기고 있던 시대에서 필산(筆算)의 시대로 변화해 간 것이다.

이러한 것에 의하여 유럽에서는 볼 수 없었던 자릿수 잡기 기수법이 완성된 것이고 그후의 대수학의 발전은 크게 전진한 것이 된다.

아리아바타는 일설에 따르면 476년 간디스 지방의 파타립트라에서 태어났고 인도 최초의 천문학자로서도 알려져 있다.

또 앞에서 말한 저서 『아리아바티야』는 4부로 나뉘어져 있고 제 1 부에는 산술·대수·평면3각법 등이, 제 3 부에는 성학(星學)·구면3각법에 대하여 언급하고 있으며 이들 내용으로부터 "아리아바타는 대수해석의 발명자이다"라고 하는 사람도 있을 정도이다.

그 책 속에 수열의 합, 즉

$$1+2+3+\cdots\cdots+n=S_n$$

등도 언급되고 있다.

이 수열$\{n\}$의 합 S_n은 독일의 천재소년 가우스가 발견한 것으로 되어 있는 「등차수열의 합의 공식」과 같아서

$$S_n=\frac{n(n+1)}{2}$$

로서 구할 수 있다. 이러한 것은 독자도 충분히 알고 있을 것으로 생각한다. 그러나 이 설에 대해서는 이설(異說)도 있다 한다.

그 밖에

$$1^2+2^2+3^2+\cdots\cdots+n^2=T_n$$

에 대해서도 언급되고 있다.

이 수열 $\{n^2\}$의 합 T_n은

$$T_n = \frac{n(n+1)(2n+1)}{6}$$

으로서 구할 수 있다. 즉

$$T_n' = 1^2 + 2^2 + 3^2 + \cdots\cdots + 10^2 = \frac{10 \times 11 \times 21}{6} = 385$$

이다.

또한 그 책 속에는 원주율 π의 근사값으로서

$$\pi \fallingdotseq \frac{62832}{20000}$$

를 사용하고 있다.

이 근사값은 현재 고등학교 등에서 가르치고 있는 $\pi \fallingdotseq 3.1416$과 같은 값이다.

더구나 1차부정(不定)방정식의 해법이나 4차방정식의 일반적인 해법도 보여주고 있다.

이어서 브라마굽타(Brahmagupta, 598년경∼660년경)라는 대수학자에 대하여 언급하기로 한다.

그는 태어난 해가 598년으로 되어 있으나 일설에 따르면 596년에 판잡지방에서 태어나고 수학자·천문학자로서 알려져 있다. 그는 660년경까지 활동하고 있었지만 죽은 해는 불명이다.

브라마굽타는 628년 30세 무렵에 『브라마·스푸타·싯단타(Brahma-Sphuta-Siddhanta)』라는 책을 출판하여 아리아바타의 학설에 예리한 비판을 가하고 있다.

이 책 속에서 그는 8종류의 산술의 운용법과 20종류의 계산법을 언급하고 있다. 게다가 0의 덧셈이나 뺄셈, 10진법에 대해서도 언급하고 있다. 또한 당시로서는 진기한 ∞(무한대)에 대해서도 언급하고 있다.

또 7권과 8권에는 산술·대수·기하의 문제가 들어가 있으나 문체는 서정시적(叙情詩的)이라고 일컬어지고 있다. 즉 기호나 식을 많이 사용하지 않고 문장으로 언급하고 있기 때문에 후세의 사람들이 해독을 하는 데에 애를 먹었다.

그는 2차의 부정방정식 $nx^2+1=y^2$의 정수해(整數解)로서 매개변수 t를 사용하여

$$x=\frac{2nt}{t^2-n}, \quad y=\frac{t^2+n}{t^2-n}$$

의 형태로 보여주고 있지만 어떻게 푼 것인지 설명이 전혀 없는 것 같다. 물론 상기와 같은 현대적인 기호로 표현되어 있는 것은 아니지만.

끝으로 바스카라(Bhaskara, 1114~1185년경)라는 수학자·천문학자에 대한 것인데 이 사람에 대해서도 어디서 태어났는지, 또 몇 살 때 죽었는지 일체 불명으로 되어 있다.

그는 1150년 36세 때 저서 『싯단타·슈로마니』를 출판하고 그 전편인 『리라바티』와 『비자가니타』에서는 그것 이전의 수학의 학설을 예로 들어 상세히 해설하고 있다. 또한 후편의 내용은 오로지 천문학에 관한 문제를 다루고 있는 것 같다.

그는 그후 1178년 64세 때 『카라나·크토하라』라는 책을 출판하여 그 안에서 행성의 운동을 계산하기 위하여 미분법과 비슷한 계산방법을 채용하고 있다. 또한 해석법으로부터 부정2차방정식의 해법까지도 취급하고 있다.

전편의 『리라바티』에서는 다시금 수를 쓰는 방법, 정수·분수의 계산, 정비례·반비례, 이율(利率), 수열, 순열·조합, 제곱·제곱근, 세제곱·세제곱근, 0, 음의 수, 1차와 2차의 방정식, 3변형(辺形)이나 4변형의 넓이, 3각비, 입체의 부피 등에 대해서도 언급되어 있다고 한다.

게다가 원주율 π의 근사값으로서

$$\frac{22}{7},\quad \frac{3927}{1250}$$

등을 사용하고 있다. 여기에 있는 $\frac{22}{7}$는 유럽에서도 일본에서도 사용하고 있는 근사값이다.

또한 $\frac{3927}{1250}$=정확히 3.1416으로 되어 있다.

일전에 일본수학사학회의 강연회에서 도요(東洋)대학 공학부의 오쓰나 이사오(大綱功) 선생의 이야기를 들었는데 인도에서는 당시 기하학은 그다지 번성하였던 것 같지는 않지만 여러 가지 기하학이 발달하고 있었던 것 같다.

특히 3변형, 4변형이라 하여 '각(角)'의 글자를 사용하지 않았다는 것으로 그것은 각에 대한 연구가 늦어져 있었던 탓이 아닌가라고 필자는 생각하고 있다.

그 때문인지 직각 삼각형을 '고귀(高貴)3변형'이라 부르고 있었던 것 같다.

▨ 5·2 제로의 탄생

앞에서 말한 것처럼 인도의 3명의 수학자 아리아바타와 브라마굽타, 바스카라가 쓴 책 속에 모두 0(zero)에 대한 것이 적혀 있다는 것으로부터 인도에서는 500년대에는 이미 제로가 탄생되어 있었던 증거가 된다.

정수 0가 탄생하기 이전의 세계각지의 숫자에는 제로는 어디서도 눈에 띄지 않는다. 유일한 제로의 표시는 주판의 알을 놓지 않는 것으로 나타내고 있었다.

주판이 10진법으로 되어 있다는 것으로부터 10진법은 세계의 공통적 사고방법인지도 모른다. 사람의 손가락은 양손으로 10개 — 이것이 기준이 되어서 10진법이 탄생된 것 같다.

그 이전으로 거슬러 올라가면 한 손의 손가락은 5개이기 때문에 5진법이 섞인 10진법도 있었던 것 같다. 게다가 수족(手足)의 손·발가락 전부가 20개에서 20진법, 즉 마야의 숫자와 같은 것도 있었다.

아무튼 제로의 표시를 처음으로 숫자에 채택한 것은 인도의 산용숫자, 즉 인도아라비아숫자인 것은 틀림없는 사실일 것이다.

수의 크기로서의 0는 말할 것도 없이 10진법의 빈 자릿수를 나타내는 0는 위대한 발견이고 제로의 탄생은 훌륭한 일이다.

수학사상, 여러 가지 중대 발견이나 중요 사항의 탄생은 허다한데 수수하지만 '제로의 탄생'만큼 수학의 발전에 공헌한 것은 없다고 확신한다.

제로는 처음에 '태양을 나타낸다'라고 하여 ○을 썼다. 그후 ●(점), ϕ를 거쳐 오늘날의 세로로 길쭉한 타원형이 되었다. 당시는 '악마의 수' 등이라고 일컬어진 일도 있었다 한다.

이러한 것들은 '머리말'에서도 언급하였는데 제로가 현재와 같은 형태로 된 것은 아마 15세기 이후의 일이라고 생각된다.

그것은 14기에 유럽에서 사용되고 있었던 산용숫자의 제로는 그리스문자인 ϕ(파이)를 사용해서 10을 1ϕ, 1⊖ 등이라 표시하고 있었기 때문이다.

지금와서 생각하면 컴퓨터 프로그램의 제로는 ϕ로 표시되고 이것은 알파벳의 O와 혼동하지 않기 위해서이다. 아마 그리스문자의 오미크론(ο)과 혼동하지 않도록 배려된 것은 아닐까.

또 0를 읽는 방법, 즉 명수법인데 세계각지에서 여러 가지로 이름이 붙여졌다. 현재는 이탈리아어인 zero가 많이 사용되고 있다.

그러나 어느 나라의 호칭법도 그 의미는 '공(空)'이라는 것이다. 이에 대하여는 다른 항에서도 언급하였다.

▩ 5·3 산용숫자의 변천과 장점

「머리말」에서도 적은 것처럼 산용숫자, 즉 인도아라비아숫자의 1, 2, 3, 4, 5, 6, 7, 8, 9와 0은 인도에서 탄생된 것으로 15세기 이후 0~9까지의 숫자의 기수법, 즉 적는 방법은 거의 현재와 같게 되어 있다.

그 변천을 더듬어가 보면 오래된 시대의 것은 잘 모르는 것 같지만 10세기의 인도 신성(神聖)숫자부터 12세기의 서(西)사라센제국의 고발숫자, 14세기 이후의 유럽의 산용숫자는 어느 것도 거의 변화가 없고 조금씩 변화해 온 것 같다.

그러나 그 이전에 있었던 잉카제국의 새끼줄의 매듭, 마야의 ●과 ━의 숫자, 고대 이집트숫자, 바빌로니아의 설형숫자, 그리스숫자, 그리스문자 α, β, γ, … 를 이용한 숫자는 각각의 나라, 각각의 시대에 편리하게 사용되어 있으나 산용숫자와 같은 장점은 갖고 있지 않았던 것이다.

같은 것을 몇 번이나 되풀이하는 것이 되는데 산용숫자의 기수법은 예컨대 1999로 9가 3개 있어도 1의 자리의 9는 단순한 9, 10의 자리의 9는 90, 100의 자리의 9는 900을 나타내고 있다. 한편 2001년의 2는 2000, 백의 자리의 0는 '제로백', 십의 자리의 0는 '제로십', 1의 자리의 1은 단순한 1을 나타내고 있다.

즉 0~9까지의 10개의 숫자는 '어느 자리'에 있느냐의 차이로 같은 1이라도 1, 10, 100, 1000, ……, 어떠한 큰 자릿수의 수도 나타낼 수 있을 것이다.

특히 0는 '빈 자리(空位)의 제로'도 나타낼 수 있는 것이 특징이다.

두번째의 장점은 필산이 가능해진 것이다. 산용숫자가 들어가기 전의 유럽에서 사용되고 있었던 로마숫자, 이것은 현재도 책의 장의 순서를 나타내거나 시계의 문자판에 사용되고 있는 Ⅰ, Ⅱ, Ⅲ, …… 이라는 숫자인데 이 숫자를 사용한 덧셈의 예를 한 가지 보여 주겠다.

1992+365=2357의 계산은

M CM XC Ⅱ+CCC LX V=MM CCC L Ⅶ

또는 M IXC IXX Ⅱ+ⅢC ⅥX V=ⅡM ⅢC LⅦ

라고 쓸지도 모른다. 그러나 산용숫자의 세로로 쓰는 덧셈이라면 오른쪽처럼 훨씬 간단하다.

```
  1 9 9 2
+   3 6 5
---------
  2 3 5 7
```

그런데 마야의 숫자가 20진수, 바빌로니아의 설형숫자가 60진수라고는 하지만 산용숫자와 같은 10진수와는 달리 자릿수, 즉 명칭이 거기서 바뀐다는 것뿐의 일이었다.

그러나 산용숫자가 10진수라는 것은 계산에서도 또 기록에 있어서도 0……10이 되면 자릿수가 하나 올라가는 것이다. 이것은 완전히 10진수, 즉 '자릿수 잡기 기수법'일 것이다.

이와 같은 산용숫자의 탄생은 책에 따라서는 가지각색이어서 5세기라고도, 6세기라고도, 또 7세기라고도 적혀 있어 참된 것은 불명으로 되어 있다. 아마 그 정도의 연대(年代)일 것이라고 훗날의 수학자가 추정한 것이다.

한편 그 이전에 제로에 가까운 표현이 있었던 것 같은 것도 듣고 있다.

수사(數詞), 즉 세는 것, 바꿔 말하면 수를 호칭하는 것의 시초는 남아프리카의 어떤 원주민처럼 1, 2, many(많이)의 3종 또는 one과 many뿐이었던 것이 현대에서는 일본의 국가예산처럼 몇 십조 이상으로 된 것이니까 인류도 매우 진보한 것이다.

그런데 다른 숫자와는 달리 산용숫자를 사용하면 수의 크고 작음을 한눈에 알 수 있다. 즉 2001>365라든가, 연령에서도 68세<75세로 분명하다. 이것은 참으로 편리하다.

▩ 5·4 인도에서 아라비아로

제2차 세계대전 후 이스라엘이 독립국가를 만들고 나서부터 아라비아 사람들과의 다툼은 끊이지 않는 것 같다. 최근에는 아라비아인끼리도 부족이나 종교가 달라서인지 이란·이라크 전쟁이나, 이민족, 이교도의 페르시아만 전쟁도 있었다.

아득히 먼 옛날의 아라비아인은 한가로운 생활을 하고 있었던 것 같으나 6~7세기경 마호멧교의 영향에 따라 우수한 국민성을 나타내어 50년 정도 동안에 통일국가를 만들고 8~9세기에는 동쪽은 인도에서 서쪽으로는 스페인까지 아라비아민족은 크게 번영하였다.

이 무렵 주변의 나라들과 통상무역이나 교통이 번성해져 수도

바그다드의 궁전에서 마호멧교 왕 아르만스루가 인도의 학자를 초청하여 천문학이나 수학에 대해서 강의를 듣고 게다가 인도의 학문서(學問書)를 아라비아어로 번역시켰다. 인도의 학자 중에 칸카후라는 사람도 섞여 있어 0를 전하였다고 한다.

산용숫자가 인도인으로부터 아라비아인에게 전해지고 아라비아인으로부터 스페인으로 전해진 것 같다. 그 때문에 유럽인은 오랜 동안 이것을 '아라비아숫자'라 부르고 있다.

말이 나온 김에 아라비아의 수학에 대하여 언급하기로 한다.

아라비아인은 인도의 수학, 즉 대수학과 그리스의 기하학을 받아들였고 그중에서도 아라비아의 수학자 아브르·와화는 디오판토스의 대수학을 아라비아어로 번역하였으며 다시금 앞에서 말한 유클리드, 아폴로니우스(Apollonius, B.C. 3세기 후반), 톨레미(Ptolemy, 또는 프톨레마이오스 Claudios Ptolemaios, 2세기 중엽, 생몰년 불명) 등의 기하학도 아라비아에 받아들였다고 한다.

아라비아의 대수학자로서는 알콰리즈미(Alchwarizmi)가 가장 활약하였다고 생각된다. 그는 유명한 천문학자이고 또 저명한 수학자이기도 하였다.

그는 지구의 위도 1°의 길이를 계산하거나 천체관측의 여러 가지 표 등을 만들었다고 전해지고 있다. 또 2차방정식을 여러 가지 형태로 분류하였다고 한다.

그 당시는 허수해(虛數解) 등을 알 까닭도 없지만 2차방정식에는 2개의 근이 존재하는 것을 알고 있었던 것 같다.

그 밖에도 알쿠히(Alkûhi), 알라이트(Allait), 알카야미(Alkayami), 쇼다(Shodya) 등 많은 수학자가 나왔다.

그들은 부정방정식의 연구나 원에 내접하는 정9각형의 문제로부터 3차방정식 $x^3+1=3x$의 해법에 성공하였다고 전해지고 있다. 그리고 산술·대수의 연구도 한창 행하여진 것 같다.

5·5 스페인에서 유럽 전국토로

산용숫자가 아라비아에서 유럽 전국토로 퍼진 것에 대하여 누가 어떻게 해서 전달하였는지가 되면 분명한 정보는 듣고 있지 않지만 스페인 사람의 활약이 컸다고 생각된다.

스페인 사람이 아라비아에 와서 산용숫자가 편리한 것을 알고 그것을 자기나라에 갖고 돌아가서 전파시켰다고도 하는데 사실인지 어떤지 알 까닭이 없다. 또 십자군의 원정도 영향이 있었는지도 모른다.

아무튼 순식간에 유럽 전국토에 전파된 것으로 보아 각국의 사람들이 아라비아에 가서 직접 알 기회가 있었음에 틀림없다.

산용숫자의 전파에 따라 소수(小數) 등도 스테빈에 의하여 고안된 것이 된다. 분수보다 소수 쪽이 사용하기 쉽고 편리한 면도 있기 때문이다.

또 제로의 전래(傳來)에 의해서 음의 수로 발전해 간 것이다. 즉 유럽의 기하학 만능의 시대에서 대수학의 발달로 연결되었음에 틀림없다.

게다가 주판에 의존하고 있던 계산도 필산으로 바뀌고 계산 특히 4칙연산은 급속히 진보한 것이다.

5·6 유럽에서 일본으로

일본으로 산용숫자 0, 1, 2, ……9가 들어온 것은 막부 말에서 메이지 시대인데 네덜란드 사람이 에도 시대에 일본에 출입하고 있었던 것이니까 더 일찍부터 산용숫자가 일본에 들어와 있었을 것이다. 듣는 바에 따르면 에도 시대에 산용숫자의 출판물이 나왔다고 한다.

에도 시대에는 한숫자만을 일본 국내에서 사용하고 있었던 것이 사실이라면 당시로서는 막부(幕府)의 정책으로 조금 색다른 일을 하거나 머리가 지나치게 좋은 무리는 유배(流配) 또는 단죄한다는 사실 때문에 일부 사람들이 알고 있었어도 입을 다물고 있었던 것은 아닐는지.

그러나 일본 제 1 의 대수학자 세키 다카가즈(関孝和)조차 "산용숫자를 사용하고 있었다"라는 것을 듣지 못하고 있다.

아무튼 메이지 신정부가 되고 나서부터 산용숫자가 일본에 당당하게 들어온 것이다. 읽는 것은 중국어 '零'의 영이고 제로는 거의 사용되지 않았다. 물론 영어의 zero는 알려져 있었기 때문에 극히 소수의 멋쟁이들이 영점을 제로점이라고 말하고 있었는지는 모르지만.

시험의 0점은 어디까지나 영점이고 제로점은 아무리해도 어울리지 않는다. 이 영점은 물론 만점과 짝을 이룬 말로서 자격으로서도 충분한 것이다. 더 파고 들면 '외래어(가타카나)+한자(漢字)음독하기'라는 것은 아직도 한자가 우세하였던 메이지 시대로서는 받아들이기 어려운 것이었을 것이고 발음상의 문제도 있었을 것이다.

별개의 항에서도 쓴 것처럼 시계의 문자판은 모두 로마숫자였다. 필자의 소년시대, 즉 1920년대 후반경까지 로마숫자가 위세를 부리고 있었다. 물론 유럽에서도 산용숫자가 들어오기 전에는 뭐니해도 로마숫자의 천하였다.

▨ 5·7 제로의 종착역은?

제로의 종점은 어디일까.

소수(小數)의 표시에서도 제로를 이용한다. 그러나 뭐니해도 제로의 최대이용은 '2진수'가 아닐는지.

즉 산용숫자는 0~9까지의 10개의 기호를 사용하지만 2진수에서는 0과 1만으로 어떠한 큰 수도 표시할 수 있다.

그러나 숫자가 10개와 2개의 차이기 때문에 자릿수는 5배 늘어나는 것이 되어 계산은 번거로워질 것이다.

상세한 것은 제 7 장에서 언급하기로 하고 한 가지 예를 생각하기로 하자.

10진수	0	1	2	3	4	5	6	7	8	9	10
2 진수	0	1	10	11	100	101	110	111	1000	1001	1010

11	12	13	14	15	16	17	18	19
1011	1100	1101	1110	1111	10000	10001	10010	10011

위의 예에서는 19에서 2자리로부터 5자리로 늘어났기 때문에 2.5배인지도 모른다. 그러나 이 상태로 자릿수가 늘어나면 굉장하다.

$$2^4=16 \Rightarrow 10000\text{에서 } 2^8=256 \Rightarrow 100000000$$

즉 여기서 이미 3자리가 9자리로 되어 있다. 이것은 3배이다.

0과 1로 표시는 간단하지만 자릿수의 늘어남은 굉장한 것이 된다.

필자의 은사인 도쿄공업대학 명예교수·이학박사인 야노 겐타로(矢野健太郎) 선생은 필자에게 "옛날부터 우리들이 2진수를 사용하고 있었으면 컴퓨터가 출현해도 놀랄 것은 없었던 것이 아닐까"라고 감상을 피력하였는데 컴퓨터이기 때문에 자릿수가 늘어나는 것은 괜찮다 하더라도 필산으로는 자릿수가 늘어남으로서 고생할 것이다.

그것보다 현대와 같이 '조(兆)'를 사용하는 시대를 고려하여 16진수나 32진수로 해두면 계산은 더 간단히 되었는지도 모른다. 그렇게 되면 자릿수는 물론 적어져도 될 것이다.

6

제로의 수학세계

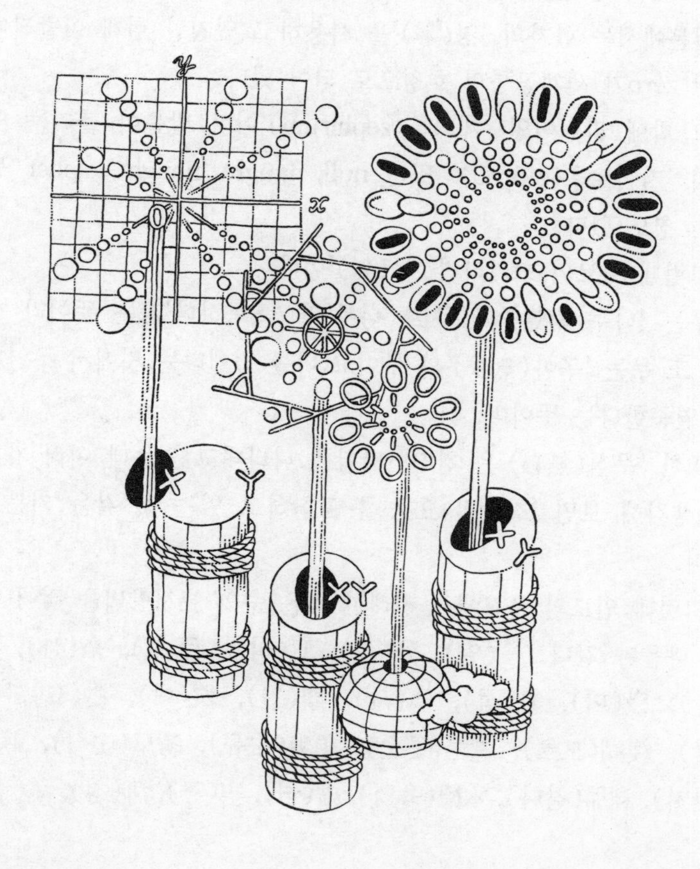

▩ 6·1 제로의 크기

정수의 열을 생각하면

…, −3, −2, −1, 0, 1, 2, 3, ……

으로 되어 있는데 그 중심에 육중하게 앉아 있는 것이 이 책의 주인공 '제로'이다.

제로는 산스크리트(범어, 梵語)로 '슨야' 또는 '스냐(sunya)'라 일컬어졌고 그후 아라비아어로 '시프르(syfr)'라 불렀다. 어느 것도 모두 '공(空)'이라는 의미인 것 같다.

일본에서는 한자의 '영(零)'을 사용하고 있지만 현재 이탈리아 어인 zero가 세계공통의 호칭으로 되어 있다.

그 밖에 라틴어인 '제피룸(zephirum)'이나 발음이 틀리는 영어의 '지어로우(zíərou)' 또는 null, naught, nought, cipher 등의 호칭도 있다.

그런데 제로의 크기라면 '무(無)'이다.

무는 '나무(南無)'의 무로 '나무'란 '거룩하다'라는 뜻이라 한다. 또 무는 '무아(無我)'의 무이고 나를 없앤다는 것에서 무언가에 열중한다는 뜻이다.

또한 '무심(無心)'은 천진난만함을 나타내고 있는데 여러 가지로 생각해 보면 '철학적 요소'를 포함하고 있는 것 같은 기분도 든다.

그런데 인도의 불교에서 전래한 작은 수의 표시방법을 적어 보면 다음과 같다. 一(일), 分(푼), 厘(리), 毛(모), 糸(사), 忽(홀), 微(미), 纖(섬), 沙(사), 塵(진), 埃(애), 渺(묘), 漠(막), 糢糊(모호), 逡巡(준순), 須臾(수유), 瞬息(순식), 彈指(탄지), 刹那(찰나), 六德(육덕), 虛(허), 空(공), 淸(청), 淨(정)

극한의 기호를 사용해서 적으면

$$\lim_{n\to\infty}\frac{1}{n}=0, \text{ 또는 } n\to\infty \text{일 때 } \frac{1}{n}\to 0$$

로 작아져 간다.

기원전부터 발달하고 있었던 분수의 사고는 물건을 분할하거나 등분하는 것으로부터 시작하여

$$\frac{1}{2}, \frac{1}{3}, \frac{1}{4}, \cdots\cdots, \frac{1}{n}, \cdots\cdots$$

으로 분모를 자꾸만 크게 해가면 드디어는 $\frac{1}{\infty}$이 된다.

∞는 '무한대(infinity)'라고 읽는다.

즉 '얼마든지 커진다'라는 것으로 '한이 없다'라는 의미이다.

일정한 양을 몇 등분인가 할 때 분모, 즉 나누는 수를 크게 하면 할수록 그 일부분인 $\frac{1}{n}$은 얼마든지 작아져 한없이 제로에 접근한다. 그 극한이 제로일 것이다.

이와 같이 생각하면 무, 즉 제로와 $\frac{1}{\infty}$은 과연 같은 것일까?

이치에 닿지 않는 소리를 하면 $\lim_{n\to\infty}\frac{1}{n}=0$와 $\frac{1}{\infty}\to 0$는 완전히 일치한다고는 말할 수 없는 것이 아닌가. 그렇지 않으면 일치한다고 해도 되는 것일까.

극한의 사고로 말하면 '$n\to\infty$일 때 $\frac{1}{n}\to 0$' 라는 표현을 하는 것이 $\lim_{x\to\infty}\frac{1}{n}=0$보다 옳은 것 같은 느낌이 들지만 $\lim_{x\to\infty}\frac{1}{n}=0$라 쓴 책을 많이 볼 수 있다.

여기서 '$n\to\infty$일 때 $\frac{1}{n}\to 0$'라는 것을 기호 $\lim_{n\to\infty}\frac{1}{n}=0$라고 쓰기로 약속되어 있다면 그것은 별개문제이다.

필자로서는 등호 '='이 가지는 의미와 기호 '→'가 가지는 의미를 비교하면 =는 무슨 일이 있어도 절대적으로 같다이고 →

는 한없이 접근한다(결코 이퀼은 아니다)라는 것처럼 느껴진다.

그런데 앞에서 말한 인도의 명수법에 있어서의 1보다 작은 수와 분수를 비교해 보면 다음과 같이 되어 있다.

一	分	厘	毛	糸	忽	微	纖
10^{0}	10^{-1}	10^{-2}	10^{-3}	10^{-4}	10^{-5}	10^{-6}	10^{-7}
1	$\frac{1}{10}$	$\frac{1}{100}$	$\frac{1}{1000}$	$\frac{1}{1만}$	$\frac{1}{10만}$	$\frac{1}{100만}$	$\frac{1}{1000만}$
沙	塵	埃	渺	漠	糢糊	逡巡	須臾
10^{-8}	10^{-9}	10^{-10}	10^{-11}	10^{-12}	10^{-13}	10^{-14}	10^{-15}
$\frac{1}{1억}$	$\frac{1}{10억}$	$\frac{1}{100억}$	$\frac{1}{1000억}$	$\frac{1}{1조}$	$\frac{1}{10조}$	$\frac{1}{100조}$	$\frac{1}{1000조}$
瞬息	彈指	刹那	六德	虛	空	淸	淨
10^{-16}	10^{-17}	10^{-18}	10^{-19}	10^{-20}	10^{-21}	10^{-22}	10^{-23}
$\frac{1}{1경}$	$\frac{1}{10경}$	$\frac{1}{100경}$	$\frac{1}{1000경}$	$\frac{1}{1해}$	$\frac{1}{10해}$	$\frac{1}{100해}$	$\frac{1}{1000해}$

이처럼 분모를 자꾸만 크게 하여 가면 분수의 값은 제로에 한없이 접근하는 것을 알 수 있다. 이 극한값이 제로이다.

여기서도 $10^{-n}=\frac{1}{10^{n}}$(n=1, 2, 3, ……)로서 숫자 0의 활약을 볼 수 있다.

▩ 6·2 제로의 이용가치

아득히 먼 옛날부터 세계각지에서 탄생한 숫자에는 제로는 없었다. 그런데 주판에서는 알을 놓지 않는, 즉 '빈자리'에 의해서 제로를 표현하고 있다. 실은 이것이 세계최초의 제로인지도 모른다.

한편 인도에서 숫자로서의 제로가 탄생되고, 이윽고 현재와 같은 형태의 '0'를 세계에서 사용하게 되었다.

제로의 임무는 다음과 같이 두 가지이다.

① 수의 '크기'로서의 제로.

② 숫자의 빈자리를 나타내는 '기호'로서의 제로.

어느 쪽도 중요할 것이다.

이것에 의하여 덧셈, 뺄셈, 곱셈, 나눗셈, 즉 4칙계산을 비롯한 계산은 물론 온갖 방면에서 편리하게 되었다. 특히 세로쓰기의 4칙연산은 훌륭한 위력을 발휘하고 있다.

또한 16~17세기가 되어서 네덜란드군의 회계계를 맡고 있었던 시몬 스테빈(Simon Stevin, 1548~1620)이 1585년에 출간한 소수에 관한 책 속에서 기원전부터 존재하는 분수를 소수로 나타내고 있다. 이것은 아직 현재와 같은 소수의 표현은 아니었다.

그후 소수의 표현이 현재처럼 바뀌었다. 소수는 0.1, 0.25, …… 처럼 나타내고 여기서도 제로의 존재가치가 커졌다.

더구나 〔10^n〕 ($n=1, 2, \cdots\cdots, \infty$)으로 하면 양의 정수(자연수)로 하여 얼마든지 큰 수를 나타낼 수 있다.

〔10^{-n}〕 ($n=1, 2, \cdots\cdots, \infty$)이면 $10^{-n}=\frac{1}{10^n}$로 양의 소수(또는 분수)가 얼마든지 작아져 한없이 0로 접근하게 된다.

또 〔-10^n〕 ($n=1, 2, \cdots\cdots, \infty$)이면 음의 정수로 한없이 $-\infty$로 접근하게 된다.

끝으로 〔-10^{-n}〕 ($n=1, 2, \cdots\cdots, \infty$)이면 음의 소수(또는 분수)로서 음쪽으로부터 0로 한없이 접근하게 된다.

바꿔 말하면

$n\to\infty$일 때 $10^n\to10^\infty\to\infty$

$n\to\infty$일 때 $10^{-n}\to10^{-\infty}\to\frac{1}{10^\infty}\to0$

$n\to\infty$일 때 $-10^n\to-10^\infty\to-\infty$

$$n \to \infty \text{일 때} \ -10^{-n} \to -10^{-\infty} \to -\frac{1}{10^{\infty}} \to -0 \to 0$$

(주) +0도 −0도 같은 0가 된다. 즉 양의 쪽으로부터 0에 접근하느냐, 음의 쪽으로부터 0에 접근하느냐의 차이다.

한편 10진수에 대한 0의 이용가치는 충분히 이해되었다고 생각하는데 12진수에 대해서도 같을 것이다.

예컨대 10을 ten(t), 11을 eleven(e)이라 하여

0, 1, 2, 3, 4, 5, 6, 7, 8, 9, t, e, 10, 11, 12, 13, 14, 15, 16, 17, 18, 19, 1t, 1e

여기서 10은 '十二' 11은 '十三', ……이 된다. 20(二十四) 이하에 대해서도 마찬가지이다.

제로의 종착역은 뭐니해도 2진수의 등장과 컴퓨터의 출현일 것이다.

필자가 소년시절의 100엔은 큰 돈이었고 조(兆) 이상의 단위는 사용되지 않았는데 물가는 자꾸만 올라가서 현재는 조를 사용하고 있다. 가까운 장래에 '경(京)'을 사용하게 될 것을 생각하면 10진수도, 2진수도 익숙해지기 나름일 것이다.

그런데 2진수와 컴퓨터에 대해서는 별도로 항을 마련하여 언급하기로 한다.

▩ 6·3 숫자에서 보는 제로의 활약

제로의 활약은 참으로 훌륭하다!! 가장 많이 볼 수 있는 것은 수의 크기를 나타내는 숫자의 빈 자리를 표현하는 것이다. 이것은 수로서의 제로보다 '기호'로서의 제로의 활약이다.

10, 100, 1000, ……, 101, 1023, 10234, ……부터 시작하여 더 찾으면 한이 없다.

더구나 제로를 사용함으로써 어떠한 큰 수도 표현할 수 있다.

예컨대 10000, 100000, 1000000, ……으로 얼마든지 큰 수의 표현에 제로는 빠뜨릴 수 없다.

게다가 10^n이면 $n=1, 2, 3, \cdots$ 에 따라서 10, 100, 1000, ……으로 되어 자꾸만 어디까지나 큰 수가 된다.

또한 기원전부터 발달하여 온 분수를 기원후 상당히 지나서 발달한 소수로 고칠 때,

$$\frac{1}{2}=0.5,\ \frac{1}{3}=0.3333\cdots\cdots=0.\dot{3},$$
$$\frac{1}{4}=0.25,\ \frac{1}{5}=0.2,\ \frac{1}{6}=0.1666\cdots\cdots=0.1\dot{6},$$
$$\frac{1}{7}=0.142857142857\cdots\cdots=0.\dot{1}4285\dot{7}$$

이다. 여기에 쓴 0.5, 0.2 등은 '유한소수'라 하고 $0.\dot{3}$, $0.1\dot{6}$, $0.\dot{1}4285\dot{7}$ 등은 '무한소수'라든가 '순환소수'라 일컬어지고 있다. 이들 소수는 모두 '유리수'[비(比)의 형태로 되는 수]의 동료이다.

앞에서 말한 것처럼 일본의 세는 방법이나 숫자를 읽는 방법은 '만진법(万進法)', 즉 4자리 구획으로, 예를 들면

1234,5678,9123,4567,8912

를 '1천2백3십4경5천6백7십8조9천1백2십3억4천5백6십7만8천9백1십2'라고 읽지만 서구 여러 나라의 세는 방법은 '천진법(千進法)'(3자리 구획)으로

123,456,789,123,456

은 '123트릴리언(trillion) 456빌리언(billion)789밀리언(million)

123사우잔드(thousand)456'으로 되어 있지만 이것은 미국이나 프랑스의 경우이고 영국이나 독일의 경우는 다음과 같이 되어 있다.

즉 123billion 456789million123thousand456이라 한다.

제 4 장의 7절에 있는 대로

① 1 million은 미국, 프랑스, 영국, 독일 모두 100만이다.

② 1 billion은 미국, 프랑스는 10억이고 영국, 독일은 1조이다.

③ 1 trillion은 미국에서는 1조이고 영국에서는 100경이다.

또한 일본의 1억은 1 hundred million이 된다.

④ 다시금 큰 단위를 언급해 둔다.

1 decillion은 미국, 프랑스에서는 1000의 11제곱, 즉 $(1000)^{11}$으로 되어 있으나 영국, 독일에서는 100만의 10제곱, 즉 $(100만)^{10}$이다. 그러나 일부의 나라에서는 차츰 수정을 하고 있기 때문에 주의를 요한다.

6·4 제로의 성질

여기서 제로가 포함되는 기본적인 계산을 보여 주겠다. 당연한 것이라 하지 말고 함께 어울리기 바란다.

다만 $a \neq 0$, $b \neq 0$라 한다.

(1) $a+0=a$, $0+a=a$, $0-a=-a$

(0를 더한다는 것은 더하지 않는다는 것)

(2) $a-0=a$

(0를 뺀다는 것은 빼지 않는 것)

(3) $0+0=0$, $0-0=0$

(0에 0를 더해도 빼도 0)

(4) $a-a=0$, $-a+a=0$

(같은 수끼리의 뺄셈은 반드시 0)

(5) $a\times 0=0$, $0\times a=0$

(0를 곱해도 0에 곱해도 반드시 0)

(6) $0\div a=\frac{0}{a}=0$

($0\times\frac{1}{a}$이라 생각해도 마찬가지이다)

(주) $a\div 0$는 없다. 즉 '0로 나누어서는 안된다'라는 규칙으로 되어 있다.

어째서? 만일 $a\div 0=x$라 하면 $a=0\times x=0$로 되어 $a=0$. 이것은 $a\neq 0$라는 가정에 반하여 모순이 생기기 때문이다.

(7) $\infty\times 0=0$, $0\times\infty=0$

(어떠한 큰 수라도 0를 곱하면 0)

(8) $1\div\infty=\frac{1}{\infty}\rightarrow 0$

(9) $a\div\infty=\frac{a}{\infty}=a\times\frac{1}{\infty}\rightarrow a\times 0=0$

(10) $\lim_{a\to\infty}\frac{b}{a}=\frac{b}{\infty}=b\times\frac{1}{\infty}\rightarrow b\times 0=0$

(11) $\lim_{\substack{a\to\infty\\ b\to 0}}\frac{b}{a}=\frac{0}{\infty}=0\times\frac{1}{\infty}\rightarrow 0\times 0=0$

(b가 상수일 때와 결과는 같다)

(주) 위의 식의 →는 =과 바꿔 놓아도 괜찮다. 여기서 참고로 ∞에 대하여 언급해 둔다.

(12) $a\to 0$, $b\neq 0$일 때 $\frac{b}{a}\rightarrow\pm\infty$

(13) $a\to\infty$, $b\to\infty$일 때 $\frac{b}{a}\rightarrow$(부정)

(14) $\infty+\infty=\infty$

(15) $\infty-\infty\rightarrow$(부정)

(∞=∞가 아니다 !!)

(16) ∞×∞=∞

(17) ∞÷∞→(부정)

(∞=∞는 아니다 !!)

라는 것이 되는데 무한대로 될 경우, 부정(不定)이 되는 경우, 때로는 상수로 수렴하는 경우가 있다.

(주) 위의 →도 =로도 괜찮다.

▨ 6·5 4칙계산과 제로

제로의 탄생에 따라서 가장 편리하게 된 것은 가감승제의 4칙 계산일 것이다. 세계각지에서 고대로부터 발달해 온 숫자에는 앞에서 말한 것처럼 제로의 모습을 찾아내는 일은 전혀 없었다.

따라서 제 4 장에 언급한 것처럼 남미의 마야의 숫자는 말할 것도 없이 중국의 한숫자, 오랜 것으로는 바빌로니아의 설형숫자, 거듭 그리스숫자나 이집트숫자, 그리고 로마숫자 중에는 어느 것도 제로의 존재는 없다.

더 오랜 것으로 잉카제국의 결승(키프), 즉 새끼줄의 매듭의 수에 있어서도 그러하다.

곱셈, 나눗셈은 물론 덧셈에 있어서조차 계산은 큰일이었다. 그래서 계산은 오로지 돌의 수나 유리구슬로 바꿔 놓거나 주판을 사용해서 처리하고 있었던 것 같다. 그러나 주판이라고는 해도 초기에는 유아가 사용하는 '계수기'와 같은 것이었다는 것은 틀림없는 사실이다.

그림은 로마 시대에 발명된 일본의 주판과 같은 계산기구로 '아바쿠스(abacus)'라는 것이다.

로마 시대의 주판

금속판에 홈이 파여 있고 그 위를 움직이는 알이 있는 것으로 오른쪽 끝의 2열의 홈은 일본의 주판에서는 볼 수 없는데 이것은 분수를 나타내기 위한 것으로 오른쪽 끝의 열은 상단이 1개이고 하단이 4개 붙어 있다.

하단의 알 1개는 $\frac{1}{12}$을 나타내고 상단의 알은 $\frac{6}{12}$을 나타낸다. 그 옆의 짧은 홈은 상단의 알 1개가 $\frac{1}{24}$, 중단의 알 1개가 $\frac{1}{48}$, 하단의 알 1개가 $\frac{1}{72}$을 나타내고 있다.

그 다음의 홈은 일본의 주판과 마찬가지로 하단의 알 1개가 1이고 상단의 알은 5를 나타내고 있다.

그 다음의 홈은 하단의 알 1개가 10이고 상단의 알은 50을 나타내고 있다. 마찬가지로 그 다음의 홈은 하단의 알 1개가 100이고 상단의 알은 500을 나타내고 있다.

즉 오른쪽에서 세번째의 홈부터는 1의 자리, 10의 자리, 100의 자리, ……로 되어 있다.

일본에서는 중국으로부터 전해진 주판을 개량해서 사용한 것으로 일본인은 손재주가 있기 때문에 지금도 간단한 계산이라면 컴퓨터와 경쟁할 수 있을 만한 속도를 가지고 있는 것 같다.

그러나 일본의 옛날의 나눗셈은 현재와 같은 곱셈구구법을 사용하는 '가메이산(龜井算)'은 아니고 '와리고에[割り聲, 역주 : 주판으로 나눗셈을 할 때 구(9)를 외치는 소리]'라 일컫는 '나눗셈구구'를 사용하는 것으로 이것은 사람들의 골칫거리였다.

가메이산의 이야기가 나왔기에 본줄거리를 벗어나 조금 색다른 이야기를 하겠다.

에도 시대의 초기, 지금부터 350년쯤 전의 일로서 햐쿠가와 츄헤이에(百川忠兵衛)인가 햐쿠가와 치헤이에(百川治兵衛)인가 하는 화산가(和算家, 역주 : 에도 시대의 일본의 수학자)가 있었다.

어느쪽인지 또 별개의 사람인지 분명치는 않지만 햐쿠가와 잇산(百川一算)이라는 화산가가 오사카에서 주산학원을 개설하고 있었는데 그 학원생 중에 쌀도매상 주인이 매우 열심히 다니고 있었다.

그런데 어느 해 쌀값이 폭락하여 큰 손해를 입고 고통을 받고 있었던 것 같다.

그래서 햐쿠가와 잇산은 돈을 빌려서 어디랄 것도 없이 사라져 버렸다. 그런데 전국으로부터 거지가 오사카에 모이기 시작하여 제각기 "금년은 도호쿠 지방이 쌀의 흉작으로 머지 않아 기근(饑饉)이 온다"라고 퍼뜨리고 다녔기 때문에 쌀의 시세가 올라가서 그 쌀도매상의 주인은 손해를 만회하고 다시금 큰 돈을 손에 쥐었다.

그런데 사실인즉 도호쿠 지방은 쌀이 흉작은 아니었다. 이러한 것이 위에 알려져 잘 조사해 보았더니 햐쿠가와 잇산이 거지에게 돈을 주어 오사카로 모아서 쌀이 흉작이 들 것이라고 퍼뜨리게 한 것이 탄로가 나서 햐쿠가와는 사토(佐渡)로 유배되었다.

사토섬으로 건너가기 위하여 니가타(新潟)에 도착하였을 때 바다가 거칠어져 하룻밤을 니가타에서 머무르게 되었다.

밤에 막부의 감시원 가메이 릿페이(龜井律平, 주판을 열심히 연습하고 있었다)에게 친절을 베풀어준 답례로서 햐쿠가와 잇산은 자기가 생각한 곱셈구구를 사용하여 나눗셈을 하는 '상제법(商除法)'을 가르쳐 주었다. "죄인으로부터 배웠다고 하면 윗어른께 체면이 서지 않으니 자신이 생각했다"라고 말하도록 한마디 덧붙였다.

그래서 가메이 릿페이는 가메이산(龜井算)이라 이름붙여 일반사람에게 가르친 것이다. 현재의 필산에 의한 나눗셈도 마찬가지로 곱셈구구를 사용하는 상제법인데 필자의 국민학생 시절에는 '와리고에', 즉 '니이치덴사쿠노고', '니신노 잇신' 등이라는 주산을 배운 일이 있다.

그러면 이야기를 본론으로 되돌려서 시험적으로 로마숫자에 의한 덧셈과 뺄셈의 예를 아래에 나타내어 둔다.

Ⅰ + Ⅱ = Ⅲ, Ⅴ + Ⅲ = Ⅷ
Ⅵ − Ⅳ = Ⅱ, Ⅹ − Ⅲ = Ⅶ

가 되는데 더 큰 수의 덧셈, 뺄셈은

CCCⅩⅩ+CCLⅧ=DLⅩⅩⅧ

이것은 320+258=578을 말한다.

CCCLⅩⅩⅩⅨ−CCLⅣ=CⅩⅩⅩⅤ

이것은 389−254=135인데 물론 L은 50, C는 100, D는 500

이다.

이 식을 본 것만으로 눈이 아물거리지 않는지. 수가 크면 클수록 계산의 곤란도가 증가되는 것은 쉽게 상상할 수 있을 것이다.

그런데 여기에 사용된 등호(=)는 그 무렵에 존재하고 있던 것은 아니고 훨씬 뒤에 영국의 로버트 레코드(Robert Recorde, 1510~58)가 1557년에 쓴 대수의 책 중에서 등호로서 =을 사용한 것이다.

또한 기호 +와 -는 독일의 창고업자가 일정한 기준의 무게보다 많은 것을 +, 적은 것을 -로 하여 사용하기 시작한 것을 수학기호로서 사용하게 된 것 같다.

그러면 현대의 덧셈을 생각해 보면

$$1992+365=2357$$

에서는 필산을 사용하지 않는다면 옛날처럼 주산으로 계산하지 않으면 안된다. 그러나 필산으로 국민학생처럼 세로쓰기의 덧셈을 사용하면 다음의 ①과 같이 되어 극히 간단하다.

①

$$\begin{array}{r} 1992 \\ +)\ 365 \\ \hline 2357 \end{array}$$

②

$$\begin{array}{r} 2000 \\ +)\ 365 \\ \hline 2365 \end{array}$$

또한 빈 자리를 나타내는 0을 포함한 ②가 되면 재미있는 계산을 할 수 있다.

더구나 각 자리에서 더한 수를 끌어올려서 10이 될 때는 빈 자리에 제로를 놓으면 되는 것으로 한층 간단하게 된다.

현대의 국민학생, 아니 유치원생조차 위의 덧셈 정도는 할 수

```
     4           70          800
+)   6      +)   30     +)   200
  ----        -----       ------
    10          100         1000
```

있을 것 같다.

다음은 제로를 포함한 뺄셈인데 이것도 다음과 같은 예로 알 수 있는 것처럼 비교적 간단히 할 수 있을 것 같다.

```
    125          100         1992
-)   20     -)    25    -)    300
  -----        -----       ------
    105           75         1692
```

이어서 제로를 포함한 곱셈인데 이것 또한 간단히 할 수 있다. 다음에 그 예를 나타내어 둔다.

```
                               105
     60          35        ×)  208                300
×)    4     ×)   70            840        ×)      200
  -----       -----       +)210             ---------
    240        2450        -------              60000
                            21840
```

마지막은 제로를 포함한 나눗셈인데 다음과 같이 되기 때문에 비교적 간단하다고 할 수 있을 것이다.

```
                           6.64               16
300) 1992   →    300) 19.92       125) 2000
                      18                125
                      ----              ----
                       1 9               750
                       1 8               750
                       ----              ---
                         12                0
                         12
                         --
                          0
```

이상의 것으로부터 4칙계산에 있어서의 제로의 이용가치에는 굉장한 것이 있다는 것을 알게 되었는지.

그런데 앞에서 말한 '가메이산'의 기원은 막부의 기분을 살펴서 '전설'이라는 것으로 되어 있지만 햐쿠가와 잇산은 실은 햐쿠가와 치헤이에라는 설이 남아 있다.

6·6 수직선과 제로

프랑스의 철학자이자 수학자이기도 하였던 데카르트(René Descartes, 1596~1650)가 평면좌표를 사용하였고 앞에서 말한 독일의 수학자 가우스가 복소평면(복소수평면)을 생각해낸 것을 보면 수(數)직선은 17세기 전부터 존재하고 있었다고 상상할 수 있다.

좌우로 무한히 뻗는 1개의 직선상에 1점 O을 잡아 원점(origin)이라 이름붙이고 그 오른쪽에 A점을 잡아서 $\overline{OA}=1$을 단위길이로 하여 O보다 오른쪽을 양, O보다 왼쪽을 음이라 하여 아래의 그림처럼 $x'Ox$로 할 때 이것을 '수직선'이라 한다.

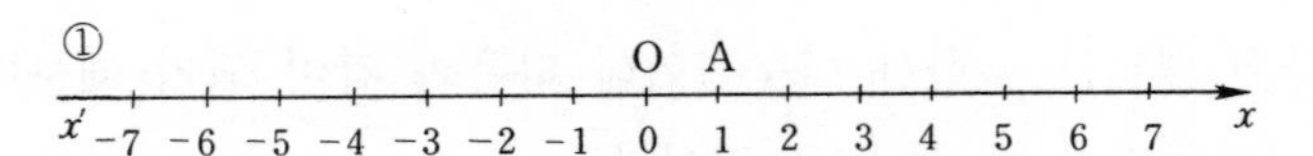

이 직선상의 모든 점은 '실수' 전체와 '1대 1의 대응'으로 되어 있다. O의 좌표를 0으로 하여 O(0)라 표시하고 A의 좌표를 1로 하여 A(1)이라 표시한다.

경우에 따라서는 A 대신에 E를 사용하여 E(1)로 하는 일도 있다.

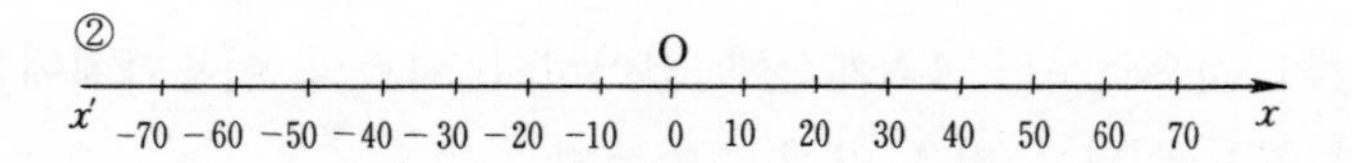

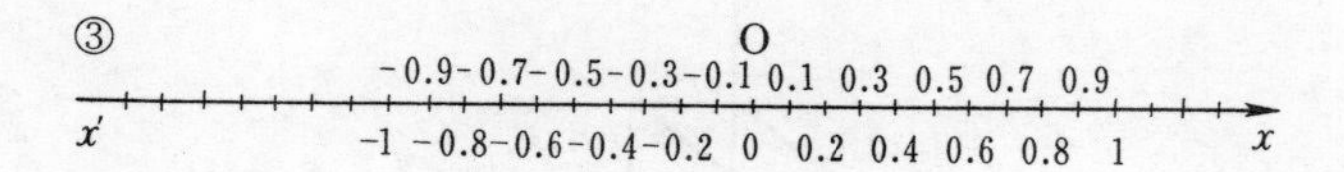

여기에도 기점(基點)으로서의 제로가 있다.

그림①을 축소하면 ……, −20, −10, 0, 10, 20, ……로 0의 활약을 알 수 있다.

또한 수직선을 확대하면 위의 그림③처럼 ……, −0.2, −0.1, 0, 0.1, 0.2, ……로 여기서도 0의 활약을 볼 수 있다.

마찬가지로 확대 또는 축소함으로써 ……, −0.02, −0.01, 0, 0.01, 0.02, ……나 정수인 ……, −200, −100, 0, 100, 200, ……으로 어떠한 작은 소수 또는 분수도, 어떠한 큰 절대값을 갖는 양·음의 정수도 0를 사용해서 표시할 수 있다.

물론 그들의 수치의 중간에 있는 수도 표현할 수 있다. 이 수직선을 'x축'이라 한다.

더 나아가서 2개의 수직선을 원점 O에서 직교(直交)시키면 앞에서 말한 데카르트가 창작한 평면해석기하학의 좌표평면이 된다.

이때 $x'Ox$를 'x축', yOy'를 'y'축이라 한다. P(x, y)에 의해서 평면상의 모든 점과 2수 x, y의 조(x, y)는 '1대 1의 대응'으로 되어 있다.

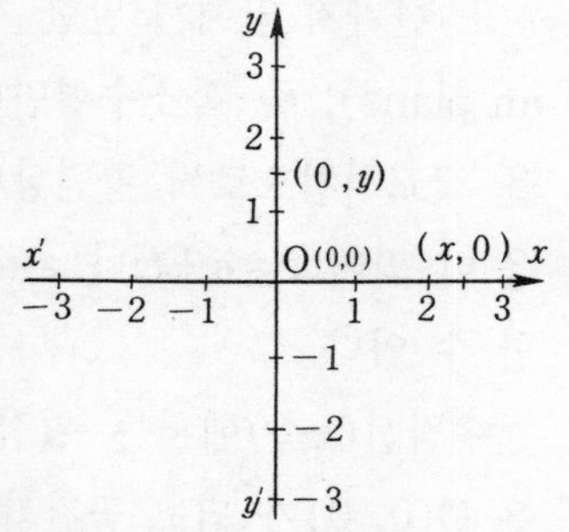

이것을 '평면좌표(plane coordinates)'라 한다.

또 1개의 수직선을 늘려서 원점 O에서 서로 직교하는 3개의 수직선, x축, y축, z축을 만들면 '공간의 좌표' 또는 '입체좌표'라 일컬어지는 좌표공간이 만들어져

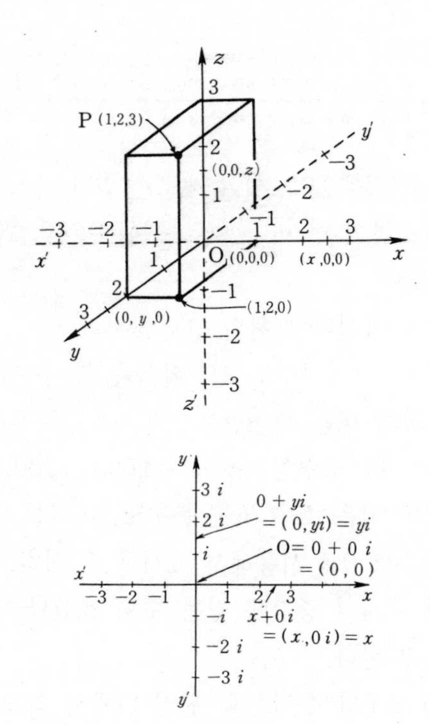

입체해석기하학이 학문으로서 성립하는 것이다.

또 한가지 앞에서 말한 가우스가 생각해낸 가우스평면(Gaussian plane), 즉 복소수평면(복소평면)은 실축(x축)과 허축(y축)을 직교시킴으로써 평면상의 모든 점과 복소전체가 '1대 1의 대응'이 되어 $z=a+bi$나 $z=(a, b)$에 의해서 복소수를 도시(圖示)할 수 있다.

수직선(x축)에서는 원점은 O(0)였지만 평면좌표에서는 원점은 O(0, 0)가 되고 공간좌표에서는 O(0, 0, 0)가 된다. 또 복소수평면에서는 O=(0, 0) 또는 O=0+0i가 된다.

여기서도 0의 대활약을 볼 수 있다.

또한 평면좌표의 x축상의 점은 모두 P(x, 0)가 되고 y축상의 점은 모두 Q(0, y)로 표현할 수 있다.

그리고 공간좌표에 있어서의 x축상의 점은 모두 P(x, 0, 0), y축상의 점은 모두 Q(0, y, 0), z축상의 점은 모두 R(0, 0, z)로서 표시된다.

마지막으로 수직선의 확대도를 실어두기로 한다.

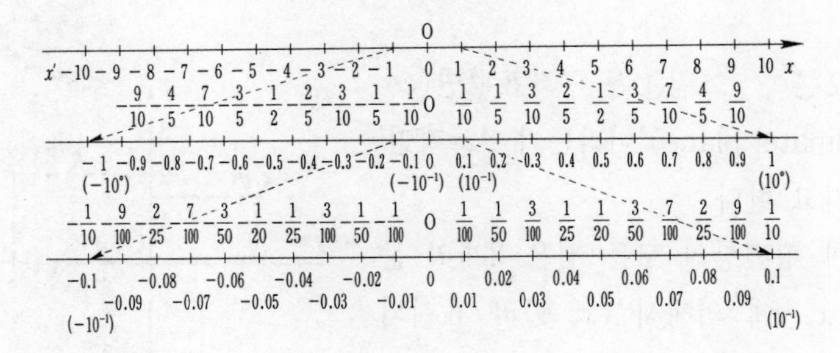

여기서도 제로의 활약을 볼 수 있다.

▩ 6·7 도형에 있어서의 제로

수직선(number line)의 출현은 아마 19세기의 독일의 대수학자 데데킨트(Julius Wilhelm Richard Dedekind, 1831～1916)의 '실수의 절단(cut of real number)'보다 훨씬 빨리 앞에서 말한 16세기의 프랑스의 대수학자이고 철학자이기도 한 데카르트가 발견한 '좌표기하(coordinate geometry)'로 시작되든가 아니 그것보다 전부터 있었다고 생각된다.

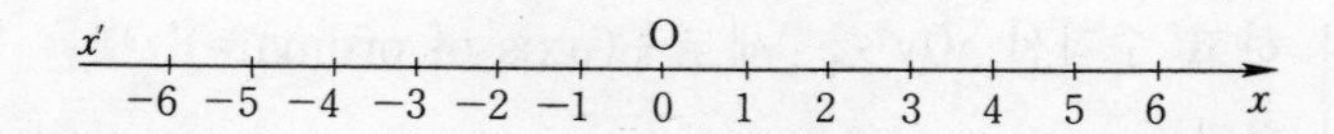

위의 그림은 '수직선'을 보여준 것으로 중앙에 O(0), O부터 좌우로 동일간격으로 점을 취하여 ……, −6, −5, −4, −3, −2, −1, 0, 1, 2, 3, 4, 5, 6, ……으로 기록하고 있다.

이 직선상의 점과 정수는 '1대 1의 대응'으로 되어 있다. 중앙의 O는 제로와 대응하고 있다.

다음은 평면좌표(plane coordinates)에 대하여 언급하기로 한다.

오른쪽 그림①은 '좌표평면(coordinate plane)'이라든가 'xy평면'이라고 한다.

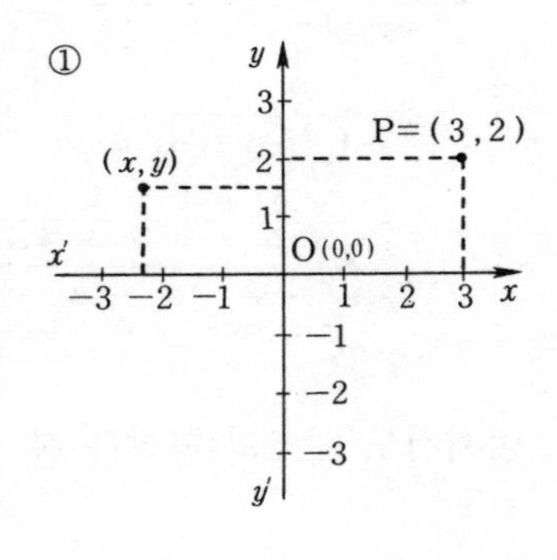

이 평면상의 모든 점은 2개의 문자 x, y에 의해서 (x, y)라 표시되고 P(3, 2)처럼 2개의 수의 조에 의해서 평면상의 점의 위치가 표시된다.

즉 이 평면상의 모든 점과 x, y 2개의 문자나 수의 조 (x, y), (3, 2) 등과는 물론 '1대 1의 대응'으로 되어 있다.

이 평면은 2개의 수직선이 직각(90°)으로 교차하고 교점은 O(0, 0)으로 나타내며 이것을 좌표평면의 '원점(origin)'이라 말하고 있다. 덧붙여 말하면 원점 O란 이 origin의 머리문자를 딴 것이다.

그런데 수직선 $x'Ox$를 '가로축(axis of abscissa)' 또는 'x축'이라 하고 수직선 yOy'를 '세로축(axis of ordinate)' 또는 'y축'이라 한다.

이 평면상에서 가로축상의 점은 (1, 0), (2, 0), (3, 0), ……,

$(x, 0)$처럼 나타내고 세로축상의 점은 (0, 1), (0, 2), (0, 3), …… $(0, y)$처럼 나타내는 것으로 되어 있다.

여기서도 제로의 활약을 볼 수 있다. 기준점으로서의 0이다.

(주) 평면좌표에 대한 것을 발견자의 이름에 연유하여 '데카르트 좌표(Cartesian coordinates)'라고도 한다.

더 나아가서 그림②처럼 3개의 수직선을 1점 O에 있어서 서로 수직(90°)으로 교차시켜 이 교점을 O(0, 0, 0)이라 하여 '원점'이라 부르고 3개의 문자나 수의 조 (x, y, z)나 (1, 2, 3)처럼 나타내어 공간의 점의 위치를 표시하고 있다.

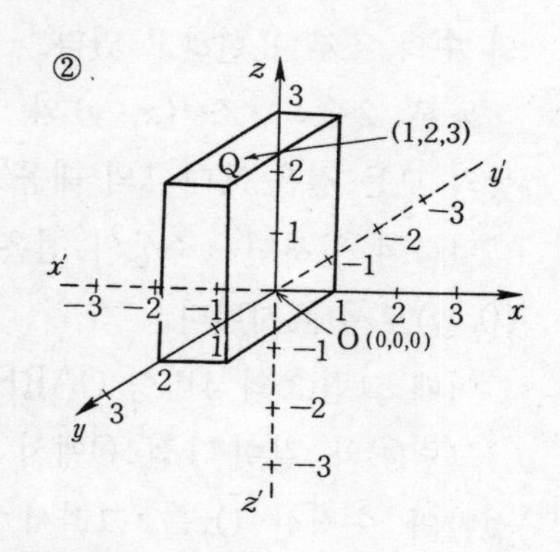

이것을 '공간좌표(coordinates of space)'라 부르고 있다.

이들 (x, y, z)의 조와 공간내의 모든 점은 이것 또한 '1대 1의 대응'으로 되어 있다.

덧붙여 말하면 3개의 수직선, 즉 3개의 축을 각각 'x축', 'y축', 'z축'이라 부르고 있다. 이때 x축상의 점은 모두 $(x, 0, 0)$, y축상의 점은 모두 $(0, y, 0)$, z축상의 점은 모두 $(0, 0, z)$로서 표시된다.

여기서도 제로의 기준점으로서의 활약을 볼 수 있다.

앞에서 언급한 평면좌표는 2개의 축이 서로 직교(直交)하고 있는데 x축과 y축이 각 θ 또는 각 $\theta°$로 교차할 때 축이 비스듬이 교차하기 때문에 이것을 '사교축(斜交軸, oblique axis)'이라 하고 이러한 표시방법을 '사교좌표(斜交座標, oblique coordinates)'라 부르고 있다.

여기서도 가로의 수직선을 'x축', 비낌의 수직선을 'y축'이라 부르고 2개의 문자 또는 수의 조 (x, y), R(3, 2)처럼 평면상의 모든 점을 2개의 수의 조로 표현하고 있다.

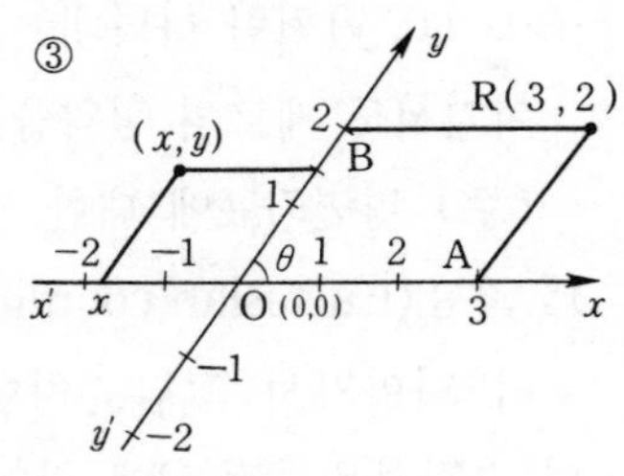

물론 2수의 조 (x, y)와 평면상의 모든 점은 '1대 1의 대응'으로 되어 있다.

덧붙여 말하면 x축상의 점은 모두 $(x, 0)$, y축상의 점은 모두 $(0, y)$로서 표시된다.

이때 그림③의 4변형 OARB는 평행4변형이다.

그림④와 같이 1점 O에서 우측 절반의 수직선 Ox를 그려서 O(0, 0)를 원점으로 하고 평면상의 점 P를 (r, θ)로 나타낸다. 이때

$\angle POx=\theta$이고 $\overline{OP}=r$이라 한다.

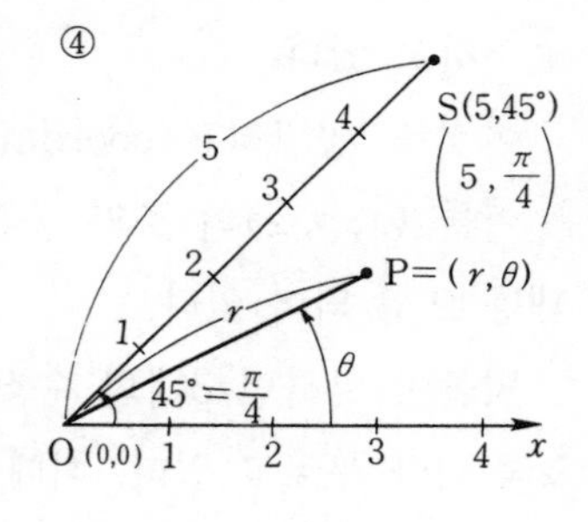

이러한 평면상의 점의 표시방법을 '극좌표(極座標, polar coordinates)'라 하고 2개의 문자 r, θ의 조 $P(r, \theta)$에 의해서 이 평면상의 모든 점의 위치를 나타낸다. 다만 r는 원점에서 점 P까지의 거리, θ는 x축과의 벌어짐의 각도로 육십분법이라도, 호도법(弧度法, method of radian)이라도 괜찮다.

따라서 2수의 조인 $P(r, \theta)$, S(5, 45°)나 S$(5, \frac{\pi}{4})$ 등과 평면상의 모든 점은 '1대 1 대응'으로 되어 있다.

이때 반(半)직선 Ox를 'x축'이라 하고 θ(또는 $\theta°$)를 '편각(偏

角, argument)'이라 하며 'ary θ' 등이라 나타낸다.

반직선 Ox상의 모든 점은 $(r, 0)$으로서 나타낼 수 있다.

또한 원점은 $r=0$, $\theta=0$(또는 0°)이기 때문에 O(0, 0)으로 되어 있다.

여기에도 제로의 기준점으로서의 활약을 볼 수 있다.

6·8 집합과 제로

칸토어(Georg Ferdinand Ludwig Philipp Cantor, 1845~1918)라 부르는 덴마크의 수학자가 창시하였다고 전해지는 '집합론'은 '무한의 규명'에서 출반한 수학의 한 분야인데 그가 이 논문을 발표하였을 때 모교인 베를린 대학의 코로네커(Leopold Kronecker, 1823~91) 교수를 비롯하여 당시의 유럽의 수학계에서는 이해할 수 없었던 것 같다. 사실 22~23세의 젊은 수학자가 전인미답(前人未踏)의 분야를 개척한 것이니까 무리가 아니었던 것 같다.

그러나 온후한 에르미트(Charles Hermite, 1822~1901), 러시아의 여성 대수학자 코왈렙스카야(Sofya Vasilévna Kovalevskaya, 1850~91)를 길러낸 인격자인 바이어슈트라스(Karl Theodor Wilhelm Weierstrass, 1815~97), 친구인 데데킨트(Julius Wilhelm Richard Dedekind, 1831~1916) 등은 어느 정도의 이해를 나타내어 보였고 뒤에 데데킨트도 집합론의 연구를 계속한 것 같다.

그러나 앞에서 말한 은사 크로네커는 성미도 거칠고 집합론에 반대하여 칸토어를 괴롭혔기 때문에 이윽고 칸토어는 정신병원에 입원하게 되고 실로 30년 이상이나 투병생활을 계속하다 1918년

칸토어
(1845~1918)

1월 6일 73세로 타계하였다.

일본에서는 제2차 세계대전 후 1963년에 집합의 사고가 국민학교, 중·고등학교의 수학 교과서에 도입되었으나 1973년 이후는 그다지 중요시되지 않고 있다.

2차 대전 전에는 집합론이라는 말은 그다지 듣지 못하였다. 그러나 유행이 된 수학분야의 하나이고 실제 집합론을 사용하면 매우 편리한 일도 있는 것은 틀림없다.

필자도 학생시절 그다지 관심은 없었고 일부 수학자만이 알고 있었을 뿐이었다.

서론이 너무 길어졌다. 독자 여러분은 충분히 알고 있을 것으로 생각하지만 조금 집합론을 살펴보기로 하자.

"집합이란 한정된 요소(element)의 모임을 말한다"——이것이 집합의 정의이다.

또한 이 요소를 '원(元)'이라 한다.

즉 어떤 집합에 속하는 원은 구체적인 사물이라도 괜찮고 또 추상적으로 생각된 것도 괜찮다.

그러나 명확히 규정된 것으로 다음의 ①, ②의 조건을 충족시키는 집합이 아니면 안된다. 즉

① 어떤 요소(원)가 집합A에 들어가 있는지 어떤지가 식별가능할 것.

② 집합A에서 2개의 원을 끄집어낼 때 그들 2개의 원은 같은지 다른지를 식별하는 것이 가능할 것.

또한 다음과 같은 약속이 존재한다.

일반적으로 $a \in A$(a는 A에 속한다)라고 써서 'a는 집합A의 원이다'를 나타낸다.

$A \subset B$(A는 B에 포함된다), 또한 $B \supset A$(B는 A를 포함한다)라고 써서 '집합A의 원이 모두 집합B의 원이다'를 나타낸다. 이때 'A는 B의 부분집합이다'라 한다.

$A=B$라고 하는 것은 $A \subset B$, 동시에 $B \subset A$일 때 이것을 'A와 B는 같다'라고 한다.

또한 집합의 대상이 되는 모든 범위를 '전체집합'이라 하고 보통 X로 나타낸다. 그러므로 임의의 집합 A도 B도 그 부분집합이다. 즉 $A \subset X$, $B \subset X$가 된다.

또 집합의 특별한 경우를 생각하여 하나도 원이 없는 집합을 '공(空)집합'이라 하고 'ϕ'로 나타낸다.

이 기호 ϕ는 그리스문자의 소문자이고 φ로 쓰는 일도 있다. 덧붙여 말하면 대문자는 Φ이고 발음은 '파이' 또는 '피'이다.

그리스 숫자에서는 ϕ는 500을 나타내고 있고 13세기의 인도아라비아숫자(산용숫자)에서는 ϕ는 제로를 나타내고 있었다.

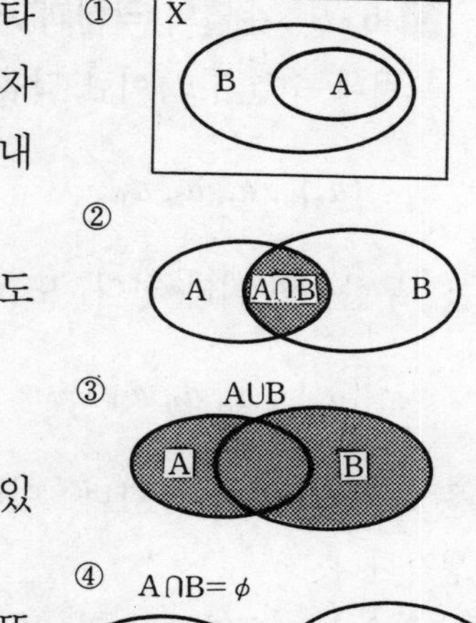

제로가 등장하였기 때문에 이것을 도시하기로 하자.

오른쪽 그림①은

$A \subset X$, $B \subset X$, $A \subset B$를 나타내고 있다.

그림②는 $A \cap B$(A와 B의 교차 또는 A and B라 한다)이고 A·B 양쪽

에 속하는 원의 집합을 나타낸다.

그림③은 A∪B(A와 B의 결합 또는 A or B라 한다)로 A·B의 어느 것인가에 속하는 원의 집합을 나타낸다.

그림④는 A∩B=ϕ(A와 B의 교차는 공집합)으로 A·B의 양쪽에 속하는 원의 집합은 공집합, 바꿔 말하면 그러한 원은 하나도 없다는 것을 나타내고 있다.

(주) 집합은 or는 '또는'이라고 하지만 A or B는 A만, B만으로 A·B 양쪽에 속한다는 것으로서 '적어도 한쪽에 속한다'라는 의미이다.

이러한 그림표시를 '벤 그림' 또는 '오일러 그림'이라 하는데 일본에서는 '집합도(圖)'라 번역하고 있다.

이 밖에도 여러 가지 약속이 있지만 제로와는 관계가 별로 없기 때문에 생략한다.

6·9 수열의 극한과 제로

그런데 수열 $\{a_n\}$이란 다음과 같이 두 가지로 크게 나뉜다.

$$\{a_n\} : a_1, a_2, a_3, \cdots\cdots, a_n, \cdots\cdots$$

를 '무한수열'이라 한다. 또 n이 유한개의 경우

$$\{a_n\} : a_1, a_2, a_3, \cdots\cdots, a_n$$

을 '유한수열'이라 한다. 이러한 것은 독자 여러분도 알 것으로 생각한다.

여기서는 수열의 수렴·발산을 생각하기 때문에 굳이 무한수열만을 다루기로 한다.

그런데 $\lim_{n\to\infty} a_n=\alpha$라는 표현은 일반적으로 수열 a_n에 있어서 n을 한없이 크게 할 때 a_n의 극한값이 α이다라는 의미이다. 여기서는 일반론에는 깊이 들어가지 않고 제로와 관계가 있는 것만을 다룬다.

그런데 $n\to\infty$일 때의 극한값이 0인 경우 이것을 '제로수열(null sequence)' 또는 '영열(零列)'이라 한다. 여러 가지를 생각할 수 있지만 대표적인 다음의 3종류에 대하여 언급한다.

ex. 1

$$\{a_n\} : \left\{\frac{1}{n}\right\} : 1,\ \frac{1}{2},\ \frac{1}{3},\ \cdots\cdots,\ \frac{1}{n},\ \cdots\cdots$$

이 수열은 수렴하여 그 극한값은 $\lim_{n\to\infty}\frac{1}{n}=\frac{1}{\infty}=0$가 된다.

ex. 2

$$\{a_n\} : \left\{\left(\frac{1}{2}\right)^{n-1}\right\} : 1,\ \frac{1}{2},\ \frac{1}{4},\ \cdots\cdots,\ \left(\frac{1}{2}\right)^{n-1},\ \cdots\cdots$$

이 수열은 수렴하여 그 극한값은 당연히,

$\lim_{n\to\infty}\left(\frac{1}{2}\right)^{n-1}=\lim_{n\to\infty}\frac{1}{2^{n-1}}=\frac{1}{\infty}=0$가 된다.

ex. 3

$$\{a_n\} : \left\{(-1)^{n-1}\left(\frac{1}{n}\right)\right\} : 1,\ -\frac{1}{2},\ \frac{1}{3},\ -\frac{1}{4},\ \frac{1}{5},\ \cdots\cdots,\ (-1)^{n-1}\left(\frac{1}{n}\right),\ \cdots\cdots$$

이 수열은 수렴하여 그 극한값은

$$\lim_{n\to\infty}(-1)^{n-1}\left(\frac{1}{n}\right)=\pm\frac{1}{\infty}=\pm 0=0$$

이것은 +와 −의 부호를 바꾸면서 0로 접근해 가는 것이다. 이와 같이 여기에도 제로의 활약을 볼 수 있다.

그 밖에

$$\lim_{n\to\infty} a_n = \pm\infty, \quad \lim_{n\to\infty} a_n = c(c\text{는 상수})$$

등의 무한수열도 존재하고 있다.

참고로 앞에서 말한 세 가지 예에 대하여 그림표시를 해둔다.

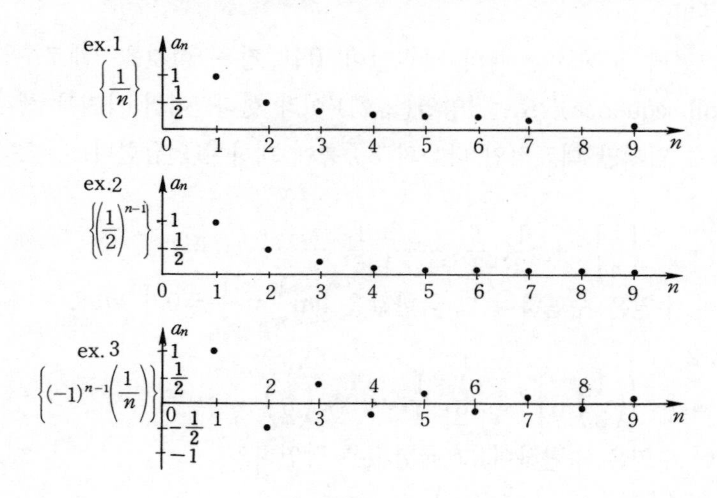

6 · 10 정함수와 제로

x, y를 변수로 하고 a, b, c를 상수로 할 때 $y=ax+b$나 $f(x)=ax^2+bx+c$를 '정함수', $f(x)$를 '함수'라 한다. 또 y를 '함수'라 하는 일도 있다.

그런데 $y=ax$의 그래프는 원점 O를 지나고 기울기 $a(-\infty<a<+\infty)$의 오른쪽 그림①과 같은 직선을 나타낸다. 그러므로 $y=ax$에 있어서 $a=0$라 두면 $y=0$가 되어 이것은 x축을 나타낸다.

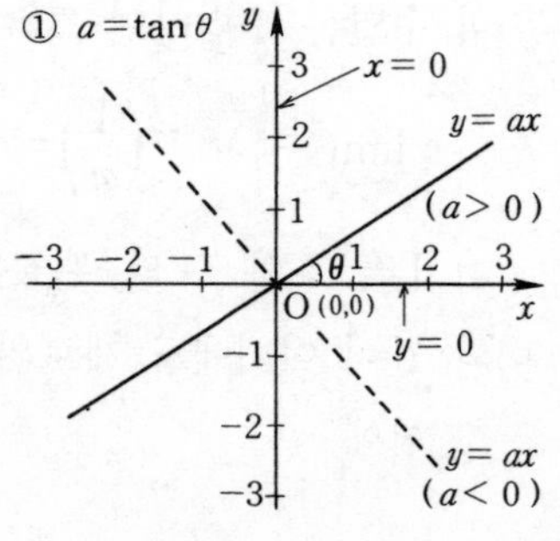

또 $x=0$는 y축을 나타내고 있다.

이들 함수를 '1차함수(linear function)'라 한다. $a>0$일 때 오른쪽으로 올라가는, $a<0$일 때 오른쪽으로 내려가는 직선이다.

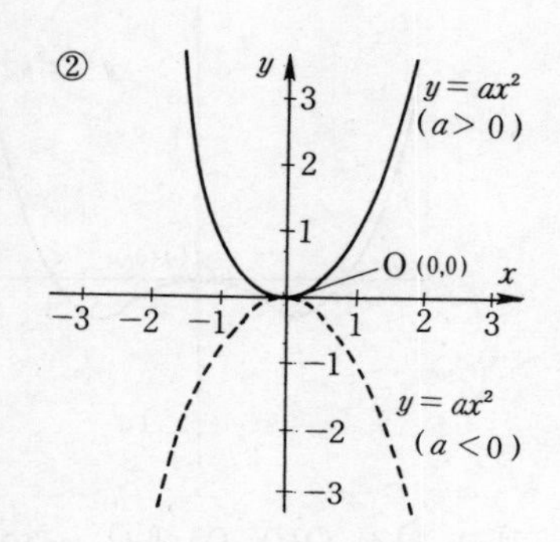

다음으로 $f(x)=ax^2$은 오른쪽 그림②처럼 원점 O(0, 0)를 지나는 포물선(parabola)을 나타낸다.

즉 ax^2은 $x=0$일 때 $ax^2=0$가 되고 $f(x)=0$, 그러므로 $y=0$이고 원점을 지나고 있다.

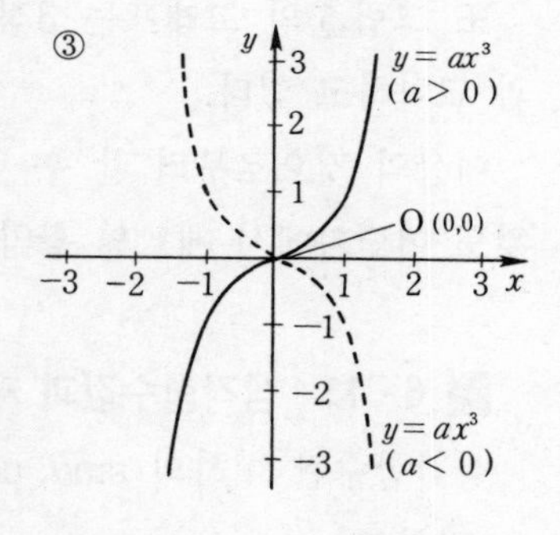

이들 함수를 '2차함수(quadratic function)'라 한다.

$a>0$일 때 아래로 凸, $a<0$일 때 위로 凸이다.

그리고 $f(x)=ax^3$은 위의 그림③처럼 원점 O(0, 0)를 지나는 3차곡선(cubic curve)을 나타내고 이것을 '3차함수(cubic function)'라 한다.

$a>0$일 때 오른쪽으로 올라가고 $a<0$일 때 오른쪽으로 내려가는 곡선이다.

또한 4차함수(quartic function)의 그래프는 4차곡선(quartic curve)을 나타내고 5차함수의 그래프는 5차곡선을 나타내고 있다.

다음에 예를 하나씩 든다.

그림④는 $y=x^2(x^2-1)$, 그림⑤는 $y=x^3(x^2-1)$의 그래프이다. 그림④의 그래프는 점$(-1, 0)$와 $(1, 0)$에서 x축과 교차하고 원

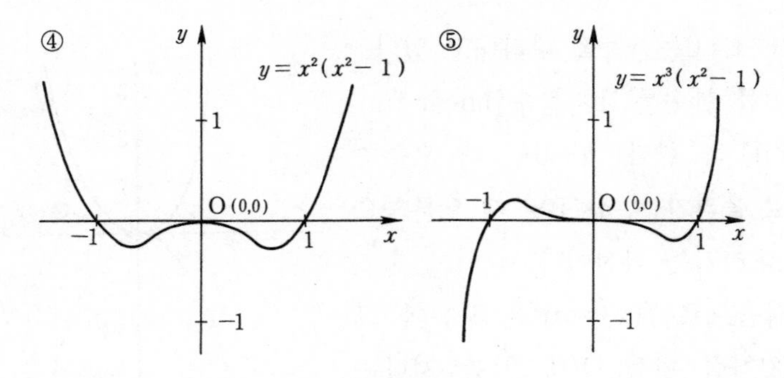

하고 원점 O(0, 0)에서 x축에 접하고 있다.

또 그림⑤의 그래프는 3점(−1, 0), (0, 0), (1, 0)에서 x축과 교차하고 있다.

이상의 것으로부터 알 수 있는 것처럼 정함수의 그래프는 어느 것도 어딘가에서 제로의 활약을 볼 수 있다.

6 · 11 삼각함수값과 제로

삼각함수란 이하의 $\sin\theta$, $\cos\theta$, $\tan\theta$, $\cot\theta$, $\sec\theta$, $\mathrm{cosec}\theta$의 6종을 말한다.

그런데 $0 \leqq \theta \leqq 90°$일 때 이것을 '예각(銳角)의 삼각함수' 또는 '삼각비'라 한다. 이러한 것은 충분히 알고 있을 것으로 생각하지만 조금 설명을 하도록 하겠다.

오른쪽 그림①에서 $\angle A = 90°$, $\angle O = \theta$라 하고 $OA = x$, $AP = y$, $OP = r$이라 하면

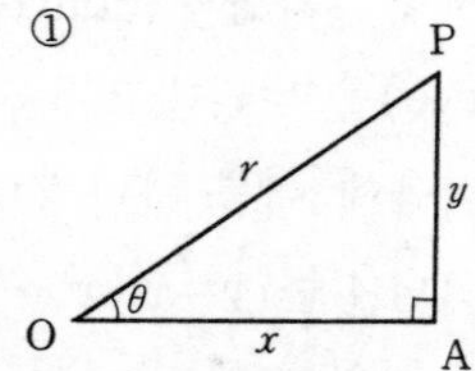

$$\frac{y}{r} = \sin\theta(\text{sine}\theta)$$
$$\frac{x}{r} = \cos\theta(\text{cosine}\theta)$$
$$\frac{y}{x} = \tan\theta(\text{tangent}\theta)$$

$\frac{x}{y}=\cot\theta(\text{cotangent}\theta)$
$\frac{r}{x}=\sec\theta(\text{secant}\theta)$
$\frac{r}{y}=\text{cosec}\theta(\text{cosecant}\theta)$라 정의한다.

그런데 일본어에서는 sine을 정현(正弦), cos를 여현(余弦), tan를 정접(正接), cot를 여접(余接), sec를 정할(正割), cosec를 여할(余割)로 번역하고 있다.

그러면 삼각함수의 값은 생략하기로 하고 제로에 관계 있는 것을 나열하면

$$\sin 0°=0,\ \cos 90°=0,\ \tan 0°=0,\ \cot 90°=0$$

로 되어 있는데 이것은 예각의 삼각함수값에 대한 것이고 일반각의 삼각함수를 생각할 때 제로의 이용가치는 더 크다.

θ의 대신에 각의 크기를 α라 하고, 각의 측정방법은 호도법(method of circular measure 또는 radian system)을 사용하여 $-\infty<\alpha<+\infty$의 범위에서 생각하기로 하면 그 부호가 양 또는 음으로 되기 때문에 약간 복잡하게 된다.

지금 $0<\alpha<2\pi$라 하면

$0<\alpha<\frac{\pi}{2}$를 제 I 상한(象限),

$\frac{\pi}{2}<\alpha<\pi$를 제 II 상한,

$\pi<\alpha<\frac{3}{2}\pi$를 제 III 상한,

$\frac{3}{2}\pi<\alpha<2\pi$를 제 IV 상한이라 하고 있다.

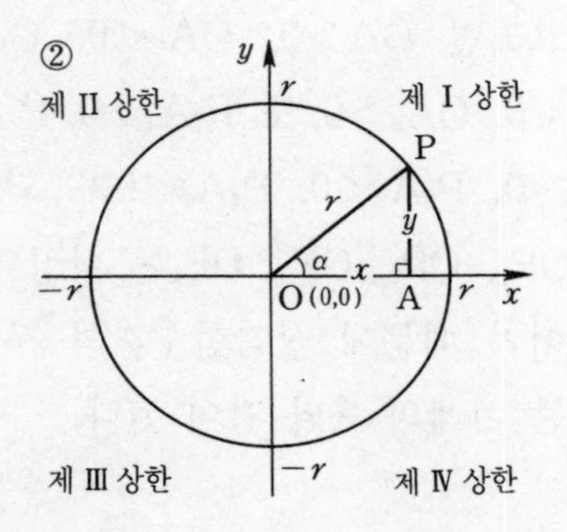

이것 또한 알고 있을 것으로

생각하지만 호도법에 대하여 언급하기로 한다.

오른쪽 그림③처럼 원 O의 반지름을 r이라 할 때 호 PQ($\overset{\frown}{PQ}$)를 r과 같게 잡아,

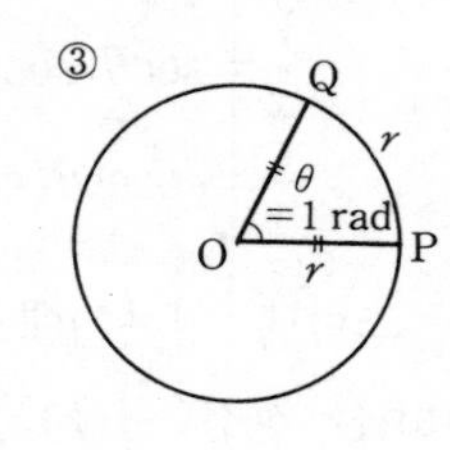

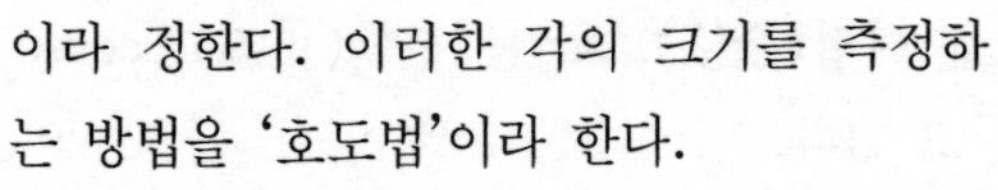

$$\angle POQ=\theta=1\ \mathrm{rad}(\mathrm{radian})$$

이라 정한다. 이러한 각의 크기를 측정하는 방법을 '호도법'이라 한다.

그런데 1 rad을 60분법으로 고치기로 하여 비례식 $\theta:360°=r:2\pi r$에서

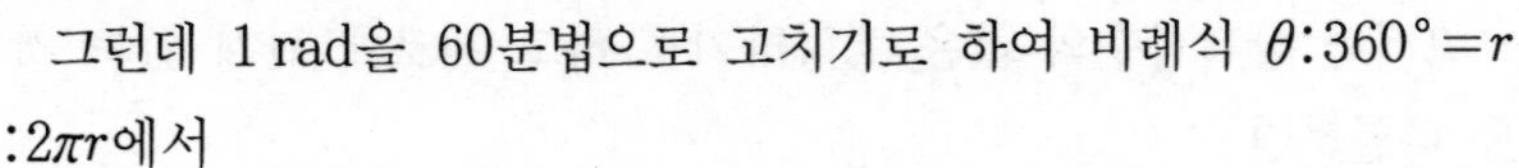

$$\theta=\frac{360°\cdot r}{2\pi r}=\frac{360°}{2\pi}=\frac{180°}{\pi}\fallingdotseq 57°17'45''$$

즉 1 rad$\fallingdotseq$57°17′45″<60°로 되어 있다.

또 역으로 180°$=\pi$ rad로부터 $1°=\frac{\pi}{180}$ rad가 된다.

(주) 그러나 일반적으로 rad를 생략하여 '180°$=\pi$이다'라고 한다.

아는 바와 같이 $Ox>0$, $Ox'<0$, $Oy>0$, $Oy'<0$로 되어 있기 때문에 다음 그림처럼 원점 O를 중심으로 하여 반지름 1의 원을 그리면 $OA>0$, $OA_2<0$, $OA_3<0$, $OA_4>0$, 또 $P_1A_1>0$, $P_2A_2>0$, $P_3A_3<0$, $P_4A_4<0$가 되고 OP_1, OP_2, OP_3, OP_4는 항상 양이기 때문에 삼각함수값의 부호는 아래의 표와 같이 된다.

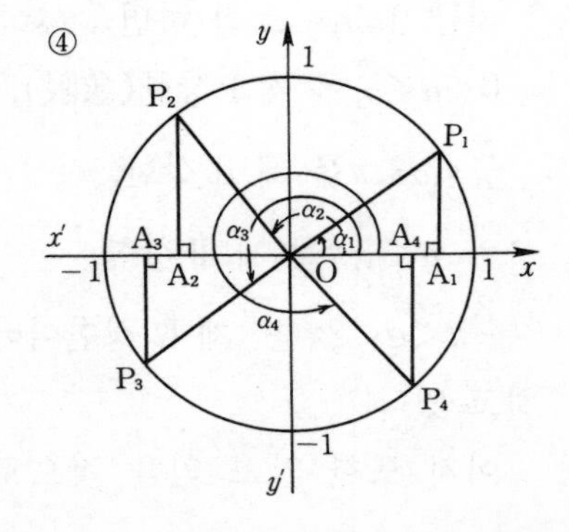

상한	$\sin\alpha$	$\cos\alpha$	$\tan\alpha$	$\cot\alpha$	$\sec\alpha$	$\mathrm{cosec}\,\alpha$
Ⅰ	+	+	+	+	+	+
Ⅱ	+	−	−	−	−	+
Ⅲ	−	−	+	+	−	−
Ⅳ	−	+	−	−	+	−

여기서 OP_1, OP_2, OP_3, OP_4를 '동경(動徑, radius vector)'이라 한다.

또한 동경 OP_1이 제 I 상한에 있을 때 이 동경이 나타내는 각의 크기는 α_1, $\alpha_1 \pm 2\pi$, $\alpha_1 \pm 4\pi$, ……로 무한히 많은 각을 나타내게 된다. 그러므로 일반적으로 $\alpha_1 \pm 2n\pi$로서 표시된다. 그 밖의 동경에 대해서도 마찬가지이다.

그러면, 이 제목의 제로인데, 앞에서 말한 $\sin 0° = 0$를 호도법으로 고쳐서 $\sin 0 = 0$에서 $\sin(0 \pm 2n\pi) = 0$, 그러므로

$\sin 2n\pi = 0$(다만 $n = 0, \pm 1, \pm 2, \cdots\cdots$)가 된다.

그런데 정현이 0가 되는 각은 또 하나 있다. 즉 $\sin 180° = \sin\pi = 0$이다. 그러면 $\sin(\pi \pm 2n\pi) = 0$가 되기 때문에

$\sin(2n+1)\pi = 0$(다만 $n = 0, \pm 1, \pm 2, \cdots\cdots$)

이들 2개의 관계를 가지런히 하여 적으면

$\sin 2n\pi = 0 (n = 0, \pm 1, \pm 2, \cdots\cdots)$

$\sin(2n+1)\pi = 0 (n = 0, \pm 1, \pm 2, \cdots\cdots)$

이 두 식을 하나로 정리하면 정현의 값이 제로가 되는 것은

$\sin n\pi = 0 (n = 0, \pm 1, \pm 2, \cdots\cdots)$

일 때라는 것을 알 수 있다.

마찬가지로 $\cos 90° = 0$로부터 $\cos \frac{\pi}{2} = 0$, 거듭

$\cos(-90°)=0$로부터 $\cos(-\frac{\pi}{2})=0$

그러므로 일반각의 성질로부터

$$\cos\left\{\pm\frac{\pi}{2}(2n+1)\right\}=0 \ (n=0, 1, 2, \cdots\cdots)$$

이 식을 세련된 형태로 고치면

$$\cos(2n+1)\frac{\pi}{2}=0 \ (n=0, \pm1, \pm2, \cdots\cdots)$$

가 된다.

또한 $\tan 0°=0$로부터 $\tan(0\pm2n\pi)=0$ 이외에 $\tan 180°=0$로부터 $\tan(\pi\pm2n\pi)=0$도 있기 때문에 이 2개의 관계를 하나로 정리하면 정현과 마찬가지로 $\tan n\pi=0$ $(n=0, \pm1, \pm2, \cdots\cdots)$가 된다.

마지막으로 $\cot 90°\Rightarrow0$로부터 $\cot\frac{\pi}{2}\Rightarrow0$, 일반각의 성질로부터 여현(cos)과 마찬가지로

$$\cot\left\{\pm\frac{\pi}{2}(2n+1)\right\}\Rightarrow0 \ (n=0, 1, 2, \cdots\cdots)$$

이 식도 세련된 형태로 고치면

$$\cot(2n+1)\frac{\pi}{2}\Rightarrow0 \ (n=0, \pm1, \pm2, \cdots\cdots)$$가 된다.

이해하기 어려운 독자를 위하여 재확인하면 삼각함수값이 제로가 되는 것은 정현(sin)과 정접(tan)은 각 α가 π의 정수배(整數倍), 즉 0, ±1, ±2배일 때이고 여현(cos)과 여접(cot)은 각 α가 $\frac{\pi}{2}$의 홀수배, 즉 ±1, ±3, ±5, ……배일 때이다.

참고로 삼각함수의 그래프를 그려 둔다. 그 값이 제로가 되는

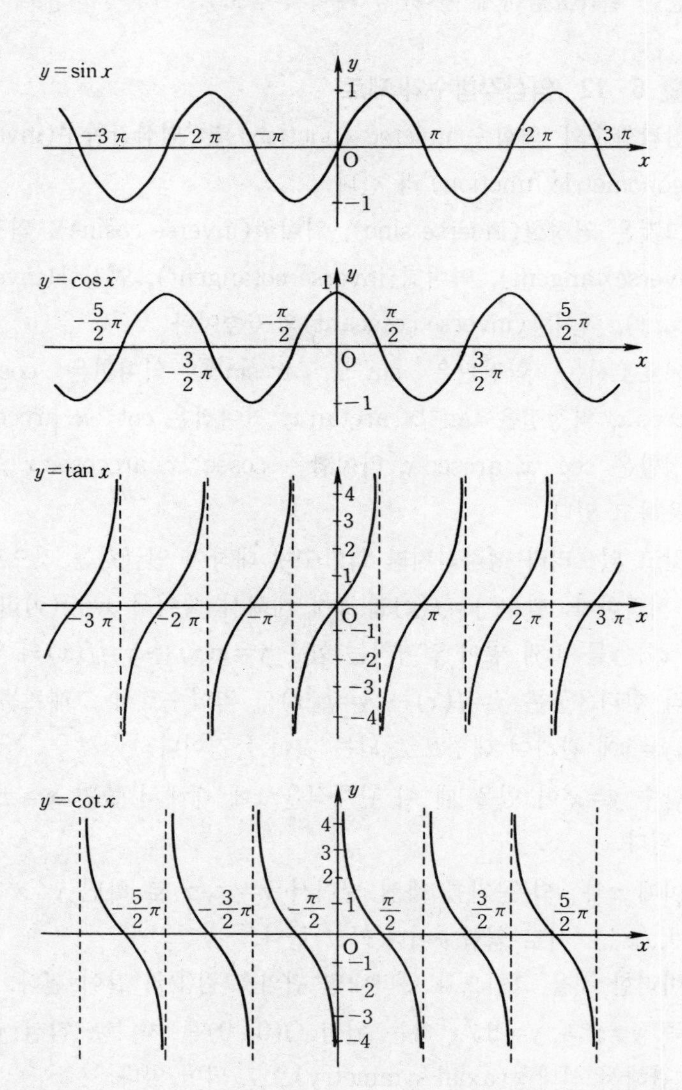
y = sin x
y
1
-3π
-2π
-π
π
2π
3π
O
x
-1
y = cos x
y
1
-5/2 π
-π/2
π/2
5/2 π
O
x
-3/2 π
3/2 π
-1
y = tan x
4
3
2
1
-3π
-2π
-π
O
π
2π
3π
x
-1
-2
-3
-4
y = cot x
y
4
3
2
1
-5/2 π
-3/2 π
-π/2
π/2
3/2 π
5/2 π
O
x
-1
-2
-3
-4

부분은 일목요연하게 된다(앞 페이지 참조).

6·12 역삼각함수와 제로

삼각함수의 역함수(inverse function)를 '역삼각함수(inverse trigonometric function)'라 한다.

그것은 역정현(inverse sine), 역여현(inverse cosine), 역정접(inverse tangent), 역여접(inverse cotangent), 역정할(inverse secant), 역여할(inverse cosecant)의 6종이다.

기호로서는 역정현은 $\sin^{-1}x$, $\arcsin x$, 역여현은 $\cos^{-1}x$, $\arccos x$, 역정접은 $\tan^{-1}x$, $\arctan x$, 역여접은 $\cot^{-1}x$, $\mathrm{arccot}\, x$, 역정할은 $\sec^{-1}x$, $\mathrm{arcsec}\, x$, 역여할은 $\mathrm{cosec}^{-1}x$, $\mathrm{arccosec}\, x$ 등을 사용하고 있다.

알고 있으리라 생각하지만 역함수에 대하여 언급하는 것으로부터 시작하자. 함수 $y=f(x)$를 x에 대해서 풀어서 $x=g(y)$라 하고 x와 y를 바꿔 넣어 얻어지는 함수 $y=g(x)$를 $y=f(x)$의 역함수라 한다. 물론 $y=f(x)$는 $y=g(x)$의 역함수로서 그래프는 직선 $y=x$에 관하여 대칭으로 되는 것이 특징이다.

함수 $y=x^2$이 있을 때 이 관계식을 x에 대해서 풀면 $x=\pm\sqrt{y}$가 된다.

이때 x와 y의 문자를 바꿔 넣어서 $y=\pm\sqrt{x}$로 하면 $y=x^2$과 $y=\pm\sqrt{x}$는 '서로 역함수이다'라고 한다.

이러한 것을 그림으로 나타내면 위의 그림①과 같이 된다.

즉 $y=x^2$과 $y=\pm\sqrt{x}$와는 원점 O(0, 0)를 지나는 직선 $y=x$에 관해서 선대칭(axial symmetry)으로 되어 있다.

마찬가지로 $y=\sin x$와 $y=\sin^{-1}x$(또는 $\arcsin x$)와는 직선 $y=$

①

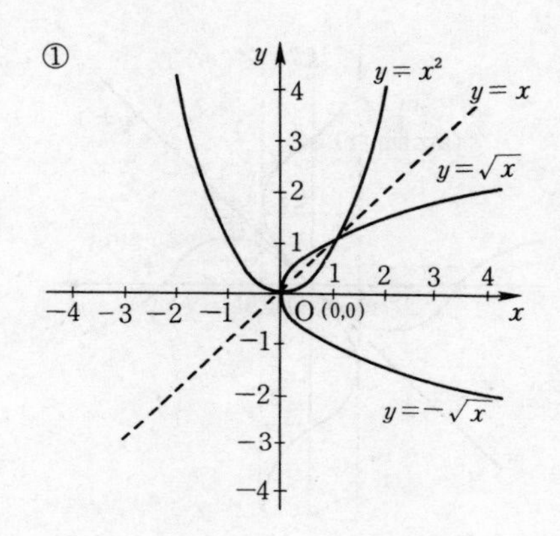

x에 관하여 선대칭의 그래프를 나타낸다.

그러나 중요한 것은 $y=\sin x$는 1개의 x의 값에 대하여 1개의 y의 값이 대응하고 있다. 말하자면 '1가(價)함수'인데 그 역함수인 $y=\sin^{-1}x$(또는 $\arcsin x$)는 1개의 x에 대하여 무한히 많은 y의 값이 대응하는 '다가(多價)함수'이다.

그러므로 y의 범위를 $\left[-\frac{\pi}{2}, \frac{\pi}{2}\right]$, 즉 $-\frac{\pi}{2} \leqq y \leqq \frac{\pi}{2}$라고 한정하면 x와 y는 '1대 1로 대응'하기 때문에 이것을 역정현의 '주된 값(principal value)'이라 한다.

그와 같은 제한을 가하면

$$-1 \leqq x \leqq 1$$

의 범위에서 x의 값에 대하여 y의 값은 단지 1개로 결정된다.

그러나 $y=n\pi$($n=0$, ±1, ±2, ……)의 무한히 많은 y에 대하여 x는 항상 0가 된다. 여기서도 제로의 활약을 볼 수 있다.

이어서 $y=\cos x$의 역함수 $y=\cos^{-1}x$(또는 $\arccos x$)는 위의 그림처럼 되어 있다. $\cos^{-1}x$의 주된 값은 y의 범위가 $[0, \pi]$, 즉 0

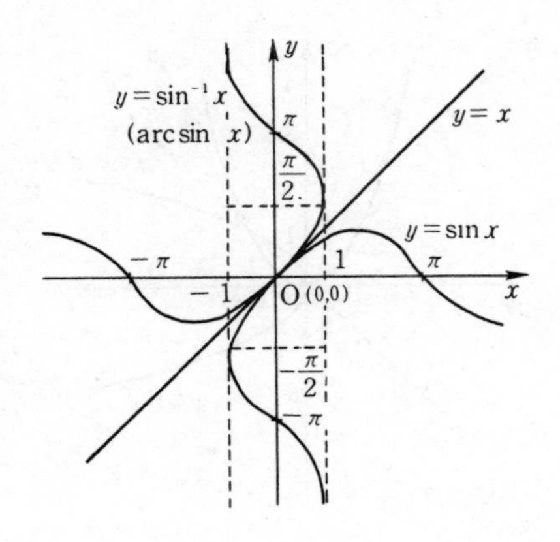

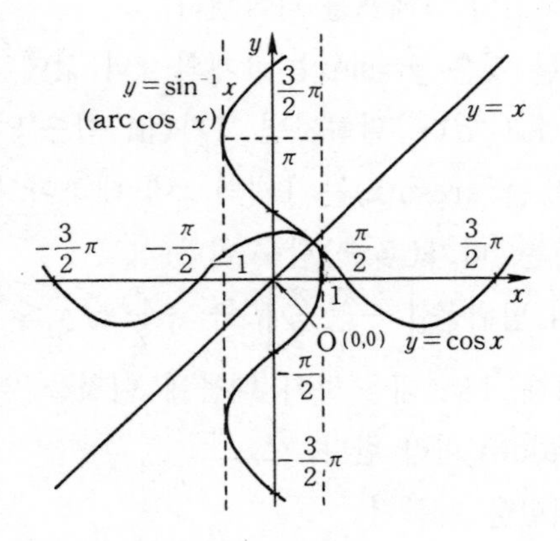

$\leqq y \leqq \pi$에서 $-1 \leqq x \leqq 1$의 x와 '1대 1의 대응'으로 되어 있다. 그러나 $y=(2n-1)\frac{\pi}{2}(n=0, \pm1, \cdots\cdots)$의 무한히 많은 y에 대하여 x는 항상 0가 된다.

여기서도 제로의 활약을 볼 수 있다.

끝으로 $y=\tan x$의 역함수 $y=\tan^{-1}x$(또는 $\arctan x$)는 위의 그림과 같이 되어 있다. $\tan^{-1}x$의 주된 값은 y의 범위가

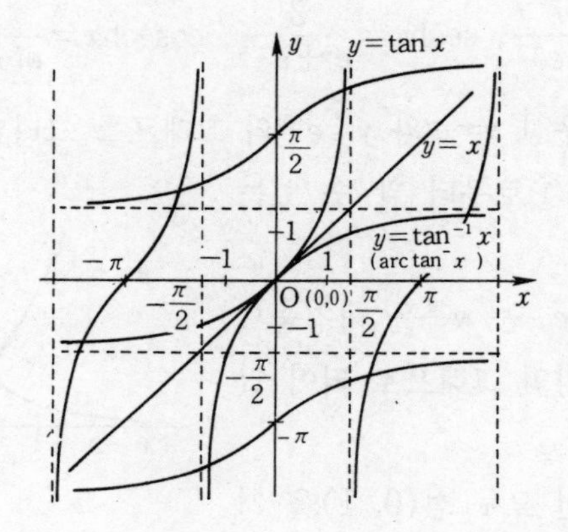

$\left(-\frac{\pi}{2}, \frac{\pi}{2}\right)$, 즉 $-\frac{\pi}{2} < y < \frac{\pi}{2}$에서, $-\infty < x < +\infty$의 x와 '1대 1의 대응'으로 되어 있다. 그러나

$$y = n\pi (n = \pm 1, \pm 2, \cdots\cdots)$$

의 무한히 많은 y에 대하여 x는 항상 0가 된다.

여기에도 0의 활약을 볼 수 있다.

지면 사정으로 $\cot^{-1}x$, $\sec^{-1}x$, $\text{cosec}^{-1}x$는 생략한다.

▩ 6 · 13 쌍곡선함수와 제로

쌍곡선함수(hyperbolic function)라는 명칭은 그다지 듣지 못하였을 것으로 생각하는데 자연로그의 밑 e를 밑으로 하는 지수함수 e^x를 사용해서 표시되는 함수로 $\sinh x$, $\cosh x$, ……등이라는 기호를 사용하여 표현하는 것이다.

$$\sinh x = \frac{e^x - e^{-x}}{2}, \ \cosh x = \frac{e^x + e^{-x}}{2}, \ \tanh x = \frac{e^x - e^{-x}}{e^x + e^{-x}},$$

$$\coth x=\frac{e^x+e^{-x}}{e^x-e^{-x}},\ \operatorname{sech} x=\frac{2}{e^x+e^{-x}},\ \operatorname{cosech} x=\frac{2}{e^x-e^{-x}}$$

가 그러한데 우선 $y=e^x$와 $y=e^{-x}$의 그래프를 그려보자.

오른쪽 그림①로부터 알 수 있는 것처럼

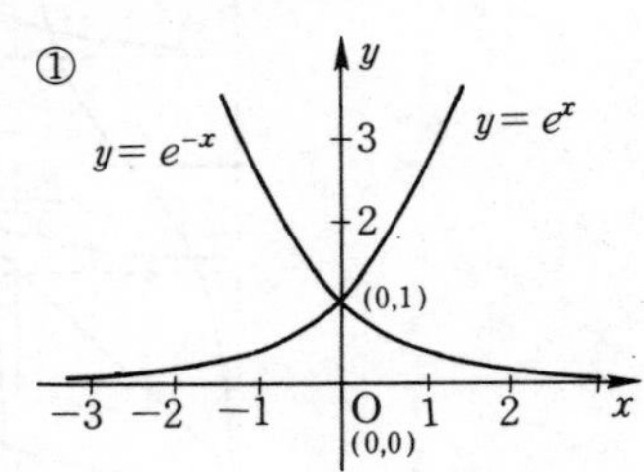

$y=e^x$와 $y=e^{-x}$는 y축을 대칭축으로 하는 선대칭인 그래프로 되어 있다.

또한 두 곡선 모두 점(0, 1)을 지나고 e^x는 $x\to-\infty$일 때 x축에 한없이 접근한다.

즉 $\lim_{x\to-\infty} e^x=0$

마찬가지로 $\lim_{x\to+\infty} e^{-x}=0$가 된다.

여기서도 제로의 활약을 볼 수 있는 것은 지수함수의 절에서도 언급하였는데 더 나아가서

$$y=\sinh x=\frac{e^x-e^{-x}}{2}$$

의 그래프에 대하여 생각하기로 하자.

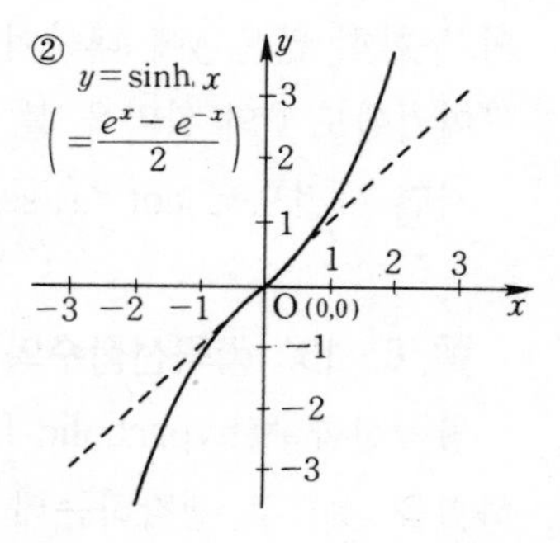

오른쪽 그림②는 하이퍼볼릭·사인($\sinh x$)의 그래프이다. 이 곡선은 원점 O를 대칭의 중심으로 하는 점대칭으로 되어 있다. 즉 $x\geqq0$의 부분을 O를 중심으로 하여 180°회전시키면 $x\leqq0$의 부분에 겹치는 것이다.

이어서 하이퍼볼릭·코사인($\cosh x$)의 그래프를 그려보자.

오른쪽 그림③은

$$y=\cosh x=\frac{e^x+e^{-x}}{2}$$

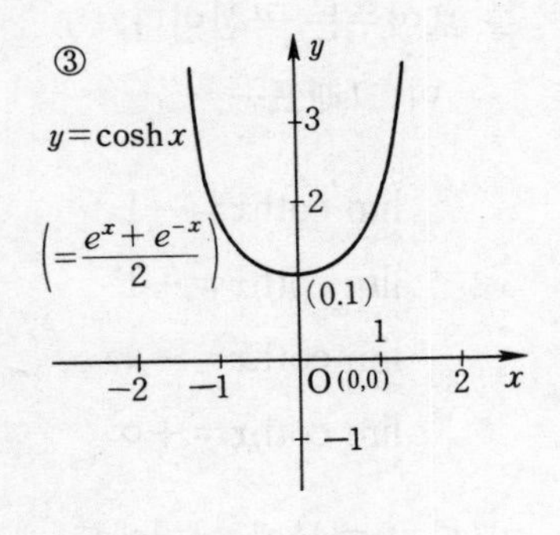

의 그래프이다.

이 곡선은 y축을 축으로 하는 선대칭, 즉 y축을 접은 금으로 하여 2개로 접으면 곡선의 좌측절반과 우측절반은 딱 겹친다.

더구나 점(0, 1)을 지나고 있다.

또한 하이퍼볼릭·탄젠트(tanh$x$)의 그래프는 오른쪽 그림④처럼 되어 있다. 즉

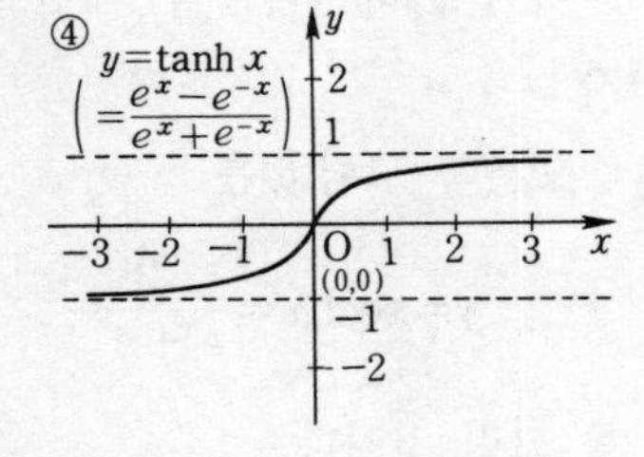

$$y=\tanh x=\frac{e^x-e^{-x}}{e^x+e^{-x}}$$

를 나타내는 곡선이다. 이 곡선은 원점 O를 대칭의 중심으로 하는 점대칭, 즉 $x \geqq 0$의 부분을 180° 회전하면 $x \leqq 0$의 부분과 겹친다.

또한 $\lim_{x\to-\infty} \tanh x=-1$, $\lim_{x\to+\infty} \tanh x=+1$로 되어 있다. 더구나 원점 O(0, 0)를 지나고 있다.

역시 제로의 활약이다.

다시 나아가서 하이퍼볼릭·코탄젠트(coth$x$)의 그림을 그려둔다.

오른쪽 그림⑤는

$$y=\coth x=\frac{e^x+e^{-x}}{e^x-e^{-x}}$$

를 보여주는 곡선이다.

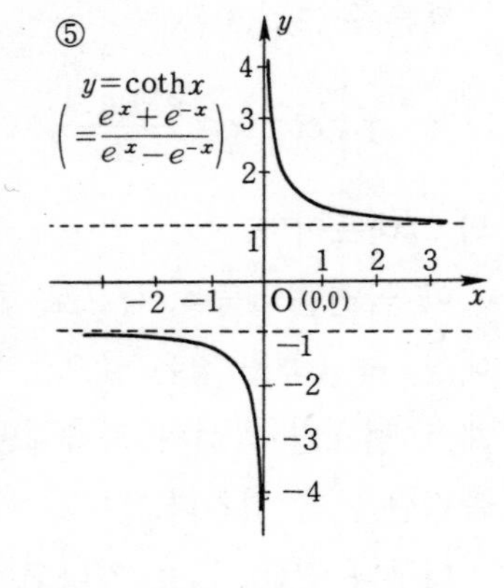

이 그래프는

$$\lim_{x\to-\infty}\coth x=-1$$
$$\lim_{x\to+\infty}\coth x=+1$$
$$\lim_{x\to-0}\coth x=-\infty$$
$$\lim_{x\to+0}\coth x=+\infty$$

가 되기 때문에 여기에도 제로의 활약이 있다.

이어서 하이퍼볼릭·세칸트(sech$x$)의 그래프에 대하여 조사하자.

오른쪽 그림⑥은

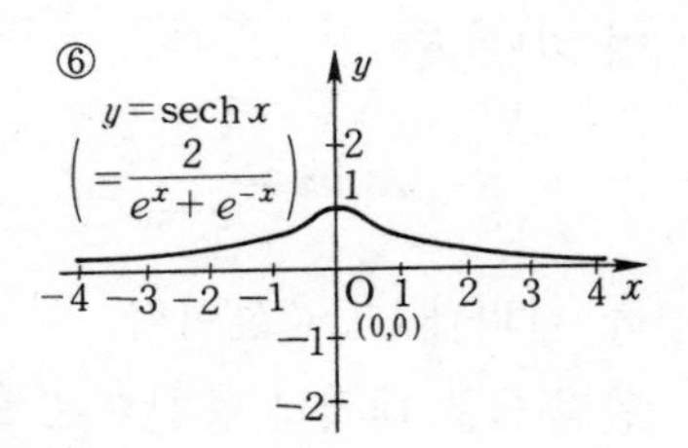

$$y=\mathrm{sech}x=\frac{2}{e^x+e^{-x}}$$

를 그린 것이다.

이 그래프는 점(0, 1)을 지나고 y축을 대칭의 축으로 하는 선대칭으로 되어 있다.

즉 y축을 접은 금으로 하여 두 겹으로 접으면 왼쪽 절반의 곡선은 오른쪽 절반의 곡선과 겹친다. 또한

$$\lim_{x\to-\infty}\mathrm{sech}x=0,\ \lim_{x\to+\infty}\mathrm{sech}x=0$$

로 되어 있다.

끝으로 하이퍼볼릭·코세칸트(cosech$x$)의 그래프를 그리도록 하자.

오른쪽 그림⑦은

$$y=\text{cosech}x=\frac{2}{e^{x}-e^{-x}}$$

를 그린 것이다.

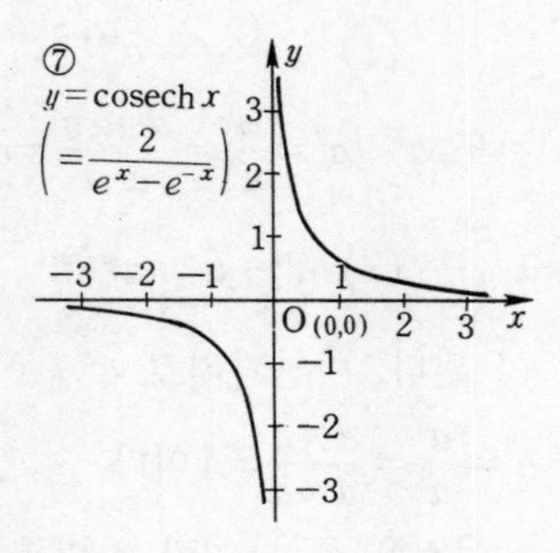

이 그래프의 특징은 직각쌍곡선 $xy=k$(k는 일정)의 그래프와 잘 닮고 있다.

즉 원점 O(0, 0)에 관하여 점대칭이고 제 I, 제 III 상한에 있다. 또한

$$\lim_{x\to\pm\infty}\text{cosech}x=0,\ \lim_{x\to+0}\text{cosech}x=+\infty,$$
$$\lim_{x\to-0}\text{cosech}x=-\infty$$

이상과 같이 쌍곡선함수의 그래프에서는 어느 것도 제로의 대활약을 볼 수 있다.

6·14 지수와 제로

$$a\times a=a^2,\ a\times a\times a=a^3,\ \cdots\cdots,\ \overbrace{a\times a\times\cdots\cdots\times a}^{n\text{개}}=a^n$$

으로 나타내는 것은 알 것으로 생각한다. 이때 a의 어깨에 붙어 있는 작은 숫자 2, 3, ……, n을 '지수(exponent)'라 부르고 있다.

지수법칙에는 여러 가지가 있으나 필요한 것만을 언급한다면

$$a^3\times a^2=a\cdot a\cdot a\times a\cdot a=a^{3+2}=a^5$$

등에서 알 수 있는 것처럼

(1) $a^m \times a^n = a^{m+n}$

또 $a^3 \div a^2 = \frac{a^3}{a^2} = \frac{a \cdot a \cdot a}{a \cdot a} = a^{3-2} = a$ 등으로부터

(2) $a^m \div a^n = a^{m-n}$

이 된다. 마찬가지로 $a^2 \div a^2 = a^{2-2} = a^0$이 되는데 한편으로는 $a^2 \div a^2 = \frac{a^2}{a^2} = \frac{a \times a}{a \times a} = 1$이다.

이것은 $a^0 = 1$이라 정의를 하지 않을 수 없다. 즉 0를 제외한 a의 제로제곱은 항상 1이다.

사족 같지만 $1^0 = 1$, $10^0 = 1$, ……$n^0 = 1$이라는 것이 된다. 여기서도 제로의 활약을 볼 수 있다.

이쯤에서 지수 n을 확장하여 음의 지수나 분수·소수의 지수를 생각해 보면

$a^{\frac{1}{2}}$, a^{-2}, $a^{0.5}$

등은 어떠한 의미가 있는 것일까.

$1 \div 2 = \frac{1}{2} = 0.5$라는 것으로부터 $a^{\frac{1}{2}} = a^{0.5}$이다.

또한 $(a^{\frac{1}{2}})^2 = a^{\frac{1}{2} \times 2} = a$, $(a^{0.5})^2 = a^{0.5 \times 2} = a$ 또 a^2이 $a \times a$라는 것은 a를 '제곱한다'라는 것이기 때문에 $a^{\frac{1}{2}}$이나 $a^{0.5}$는 제곱하면 a가 되는 수, 즉 a의 제곱근을 나타내고 있다.

바꿔 말하면 $a^{\frac{1}{2}} = a^{0.5} = \sqrt{a}$라는 것이다.

여기에 사용한

(3) $(a^m)^n = a^{m \times n} = a^{mn}$

이라는 공식은 예컨대

$$(a^3)^2=(a \cdot a \cdot a)^2=a \cdot a \cdot a \times a \cdot a \cdot a=a^{3\times2}=a^6$$

등으로 알 수 있는 것처럼 지수가 m, n일 때도 성립한다.

또한 2수 a, b를 곱하였을 때 그 곱이 1이 되는 경우 'a와 b는 서로 역수이다'라고 한다.

그리고 기호로서는 $a^{-1}=b$, $b^{-1}=a$로 나타내지만 실은 $a\times b=1$을 말하는 것이다.

그런데 $a^2\times a^{-2}=a^{2-2}=a^0=1$이 되기 때문에 a^2과 a^{-2}은 서로 역수관계이다.

한편 $a^2\times\frac{1}{a^2}=\frac{a^2}{a^2}=1$이라는 것은 $a^{-2}=\frac{1}{a^2}$로 나타내도 괜찮은 것이 된다.

물론 이 2개는 역수관계를 나타내고 있다.

그런데 수학에서는 제로로 나누는 것은 터부시되고 있지만 $a^0=1(a^0\neq0)$이니까 a^0로 나누어도 괜찮다.

$\frac{a}{a^0}=\frac{a}{1}=a$가 되고 분모에 지수의 기호로서 제로가 들어가는 것은 허용된다.

한걸음 나아가서 지수함수를 생각하기로 하자.

$$y=a^x;\quad y=e^x$$

등을 '지수함수(exponential function)'라 부르고 있다. 여기서 a는 양·음의 실수이다.

하나의 예 $y=2^x$에 대하여 고찰해 보면 다음 페이지의 표로 되기 때문에 이것을 그래프로 그리면 그림처럼 된다.

이 곡선은 $y=2^{-x}=\frac{1}{2^x}$과 y축에 관하여 선대칭으로 되어 있다.

x	…	-3	-2	-1	0	1	2	3	…
y	…	$\frac{1}{8}$	$\frac{1}{4}$	$\frac{1}{2}$	1	2	4	8	…

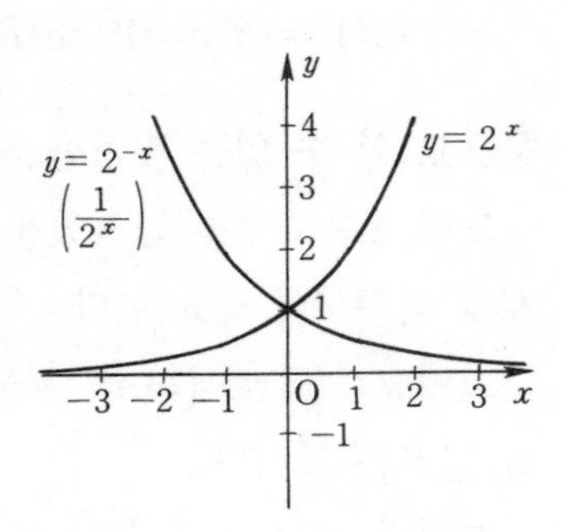

$y=2^x$을 나타내는 곡선의 특징은 오른쪽으로 올라가는 곡선이고 항상 점(0, 1)을 통과한다.

또한

$$\lim_{x\to+\infty} 2^x=+\infty,\ \lim_{x\to-\infty} 2^x=0$$

가 되기 때문에 여기서도 제로의 활약을 볼 수 있다.

그리고 $y=2^{-x}=\dfrac{1}{2^x}$의 그래프는 점(0, 1)을 통과하고 오른쪽으로 내려가는 곡선으로

$$\lim_{x\to+\infty} 2^{-x}=0,\ \lim_{x\to-\infty} 2^{-x}=+\infty$$

로 되어 있다. 여기서도 제로의 활약을 볼 수 있다.

이것 이상의 것은 제로와 별로 관계가 없어 생략하기로 한다.

6 · 15 로그와 제로

이제껏 너무 재미없는 이야기만 계속되어 마치 '교과서 같다'라고 생각하는 독자도 있을텐데 이 절에서도 로그 등 여러분이 가장 다루기에 벅찬 분야의 이야기로 들어가게 되어 버렸다.

로그(logarithm)는 앞절의 지수의 사고로부터 발전한 것으로 영국의 머키스톤 성주(城主)였던 네피어(John Napier, 1550~1617)가 오랜 시간을 들여서 로그표를 만들었고 대학교수인 브리그스(Henry Briggs, 1561~1630)나 스위스의 수학자 뷔르기

(Jobst Bürgi, 1552~1632) 등이 연구를 계속하여 오늘에 이르고 있다.

로그의 발견으로 천문학이나 그 무렵 차츰 번성하고 있었던 항해술에 다대한 공헌을 한 것이다. 사실상, 컴퓨터가 개발될 때까지, 즉 제 2 차 세계대전 전까지는 큰 수의 계산은 오로지 로그를 이용한 것이었다.

그런데 서론은 이 정도로 하고 지수함수의 y와 x는 $y=a^x$이었는데 이 관계를 x에 대해서 풀어보면 $x=\log_a y$가 되기 때문에 여기서 문자 x와 y를 바꿔 넣으면 $y=\log_a x$가 된다. 즉 $y=a^x$의 역함수가 $y=\log_a x$인 것이다.

따라서 $y=2^x$의 역함수 $y=\log_2 x$를 그래프로 나타내 보면 다음의 그림과 같이 된다.

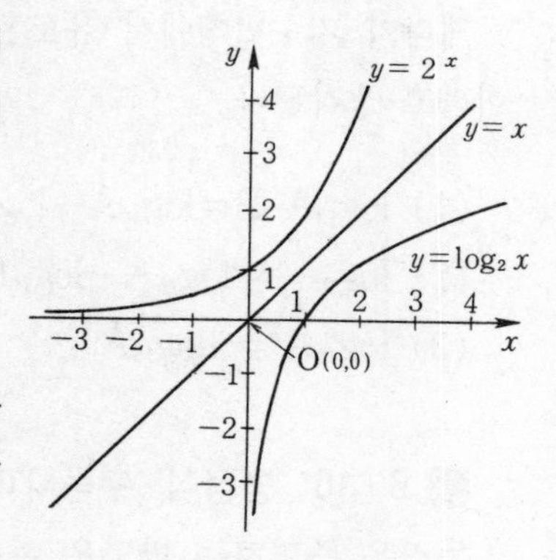

이 오른쪽으로 올라가는 곡선의 특징은 점(1, 0)을 지나가는 것이다. 또한

$\lim_{x\to+\infty} \log_2 x=+\infty$이고 $\lim_{x\to+0} \log_2 x=-\infty$가 된다.

(주) +0라는 것은 양의 방향으로부터 한없이 0으로 접근한다는 의미이다.

여기서도 제로의 활약을 볼 수 있다.

그러면 제로와는 그다지 관계가 없으나 말이 나온 김에 조금 언급하기로 한다.

$y=\log_a x$는 로그관계라 불리는 것은 앞에서 말한 대로지만 x를 변수, y는 함수이고 a는 '로그의 밑'이라 하고 x를 '진수(眞數)'

또는 '로그의 진수'라 말하고 있다.

여기서 진수 x는 양(陽)만을 다루고 로그 $\log_a x$, 즉 y는 양·음의 수가 된다.

그런데 $a=1$일 때 $y=1^x=1$, 즉 y는 항상 1이 되기 때문에 $\log_a x$의 a는 1이어서는 곤란하다.

그러므로 $a \neq 1$, $a>0$이라는 조건이 붙어 있다.

이렇게 되면 $x=a^y$에서 y가 어떠한 값을 취하여도 $x>0$가 된다는 것을 알 수 있다.

그러면 어째서 로그가 큰 수의 계산에 적합한가를 알아둘 필요가 있을 것이다.

제 1 조건은 $a=10$으로 하는 $y=\log_{10} x$, 즉 상용로그(common logarithm)의 발견이다.

게다가 지수법칙에서 유도된 다음의 로그의 성질이 있기 때문이라고 생각된다.

(1) $\log_{10} A \cdot B = \log_{10} A + \log_{10} B$

(2) $\log_{10} \dfrac{A}{B} = \log_{10} A - \log_{10} B$

(3) $\log_{10} A^n = n \log_{10} A$

6·16 방정식·부등식과 제로

등식을 증명하는 방법은 여러 가지 있으나 $f(x)=g(x)$를 증명할 때

$$f(x)-g(x)=0$$

로 하여 증명하는 방법이 가장 많이 사용되고 있는 것 같다. 이

러한 증명법은 직접증명법(direct proof)의 일종이다. 여기에도 제로가 사용되고 있다.

그런데 방정식은 대부분 $f(x)=0$의 형태로 주어져 있다.

정함수 $f(x)$일 때 $f(x)=0$를 풀려면 $f(x)$를 1차식의 곱의 형태로 고칠 수 있으면 1차식 $ax+b=0$에서 $x=\frac{b}{a}$ 로서 근을 구할 수 있다.

그러나 방정식 중에는 3각방정식, 지수방정식, 로그방정식, 분수방정식, 무리방정식 등 여러 가지가 있기 때문에 그들의 해법은 여러 가지로 잡다하지만 그중에는 $f(x)=0$의 형태로 유도해서 푸는 경우도 있다.

아무튼 제로의 활약의 장은 방정식에도 있다.

그런데 우리들의 사물의 대·소·장·단을 비교할 때 그 차이를 이용하는 일이 흔히 있다. 즉 $A-B>0$일 때 $A>B$라고 한다. 또 $A-B<0$일 때 $A<B$이다.

이와 같이 부등식 $f(x)$와 $g(x)$를 비교하는 데에는 역시

$$f(x)-g(x)>0\text{이면 } f(x)>g(x)$$
$$f(x)-g(x)<0\text{이면 } f(x)<g(x)$$

로 하여 증명을 하거나 풀이를 구하게 된다.

부등식에도 정식(整式)의 부등식 이외에 3각부등식, 지수부등식, 로그부등식, 분수부등식, 무리부등식 등 여러 가지가 있으나 그들의 해법 중에는 $f(x)-g(x)>0$ 또는 $f(x)-g(x)<0$의 형태로 유도하여 푸는 것도 있다.

여기에도 제로의 활약이 있는 것이다.

또한 부등식의 성질로서 잘 알고 있는 것을 소개하면 다음과

같이 제로는 대활약을 하고 있다.

① $A>0$, $B>0$이면 $A+B>0$, $AB>0$, $\frac{B}{A}>0$, $\frac{A}{B}>0$

② $A<0$, $B<0$이면 $AB>0$, $\frac{B}{A}>0$, $\frac{A}{B}>0$

③ $A>0$, $B<0$이면 $AB<0$, $\frac{B}{A}<0$, $\frac{A}{B}<0$

④ $A<0$, $B>0$이면 $AB<0$, $\frac{B}{A}<0$, $\frac{A}{B}<0$

⑤ $A>B$, $B>0$이면 $A>0$

⑥ $A>B$ 이면 $A+C>B+C$, $A-C>B-C$

⑦ $A>B$, $C>0$이면 $AC>BC$, $\frac{A}{C}>\frac{B}{C}$

⑧ $A>B$, $C<0$이면 $AC<BC$, $\frac{A}{C}<\frac{B}{C}$

6·17 복소수와 제로

a, b를 실수(real number)라 하고 i를 허수단위(imaginary unit)라 할 때 $a+bi$를 '복소수(complex number)'라 한다.

다만 전기공학에서는 i는 전류를 나타내기 때문에 j를 사용하여 $a+jb$로 하고 a, b는 실수, j를 허수단위로 하고 있다.

그러나 이 책에서는 $a+bi$를 사용하기로 한다.

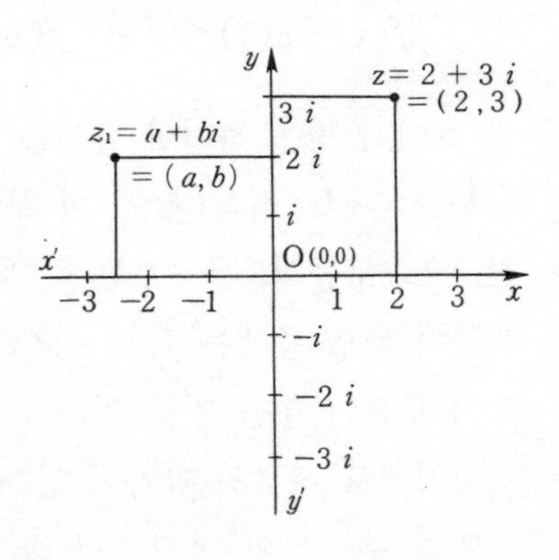

따라서 오른쪽 그림과 같은 원점 O(0, 0)에서 직교하는 2개의 수직선 $x'Ox$, yOy'를 그려서 $x'Ox$를 '실축(real axis)' 또는 '실수축'이라 하고 yOy'를 '허축(imaginary axis)' 또는 '허수

축'이라 부르고 있다.

이러한 평면을 '복소평면(complex plane)' 또는 '복소수평면'이라 하고 외국에서는 '가우스평면(Gaussian plane)'이라 부르고 있다. 덧붙이면 이 평면은 앞에서 말한 것처럼 독일의 대수학자 가우스가 발견한 것으로서 그 위업을 기린 호칭으로 되어 있는 것이다.

피타고라스의 정리를 '세제곱의 정리'라 말하고 가우스 평면을 '복소수 평면'이라 바꿔 부르는 것은 최근의 풍조인 것 같으나 필자는 그다지 찬성할 수 없다.

그런데 이 가우스 평면상의 모든 점과 $a+bi$ 또는 (a, b)는 물론 '1대 1의 대응'으로 되어 있다.

앞에서 말한 것처럼 2개의 축, 즉 실축과 허축의 교점을 '원점'이라 부르고 O로 나타낸다.

즉 $\mathrm{O}=0+0i$, $\mathrm{O}=(0, 0)$이다.

일반의 점을 복소수 Z로 나타내고 $Z=a+bi$, $Z=x+yi$, $Z=2+3i$, $Z=(a, b)$, $Z=(x, y)$, $Z=(2, 3)$ 등이라 한다.

(주) 데카르트 좌표에서는 점 $\mathrm{P}(x, y)$, 가우스 평면에서는 복소수 $Z=(x, y)$로 되어 있으니까 주의할 것.

덧붙이면 실축상의 점은 $Z=a+0i=(a, 0)$, 허축상의 점은 $Z=0+bi=(0, b)$로 표시되고 여기서도 기준점으로서의 제로의 활약을 볼 수 있다.

다음으로 복소수와 실수의 관계에 대하여 생각하기로 한다.

$Z_1=a+bi$ $Z_2=a-bi$라 할 때

① $Z_1\times 0=(a+bi)\times 0=0+0i=0$

$$Z_2 \times 0 = (a-bi) \times 0 = 0 - 0i = 0$$

가 되어 복소수와 0(실수)의 곱은 실수 제로이다.

즉 어떠한 수라도 이것에 0를 곱하면 제로가 된다.

② $Z_1 + Z_2 = a+bi+a-bi = 2a$(실수)

$Z_1 - Z_2 = a+bi-(a-bi) = 2bi$

(순허수, purely imaginary number)

(주) 순허수는 허축상의 점이고 이것을 단순히 '허수'라 부르는 일도 있다.

③ 실축상의 점은

$Z = a+0i = (a, 0) = a$(실수)

④ 허축상의 점은

$Z = 0+bi = (0, b) = bi$(순허수)

6 · 18 벡터와 제로

방향과 크기를 갖는 양을 '벡터(vector)'라 하는데 벡터는 $\boldsymbol{a}$, $\mathbb{A}$, $\vec{a}$ 등으로 표시하고 있다.

그러나 도형적으로는 화살선 →을 사용하는 경우가 많다.

오른쪽 그림①은 벡터 $\vec{a}$ 를 보여주고 있는데 A를 '시발점'이라 하고 β를 '종점'이라 한다.

다음으로 2개의 벡터가 방향이 같고 크기, 즉 길이가 같을 때 이 2개의 벡터는 같다고 한다.

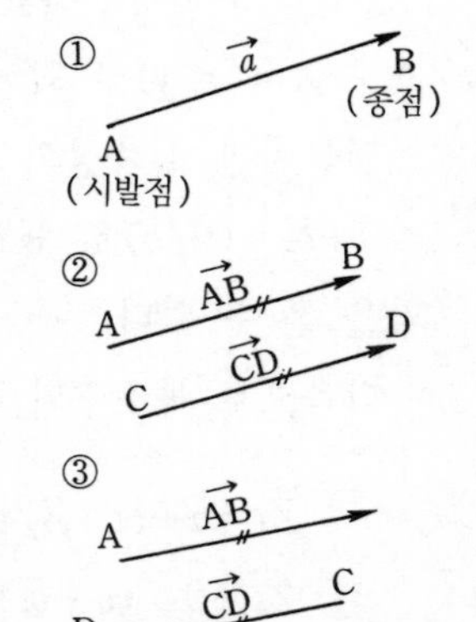

오른쪽 그림②에서 $\overrightarrow{AB}=\overrightarrow{CD}$를 보여주고 있다.

그러나 방향이 반대이고 크기만 같은 2개의 벡터 $\overrightarrow{AB}$와 $\overrightarrow{CD}$는 그림③처럼 $\overrightarrow{AB}=-\overrightarrow{CD}$로 나타낸다.

즉 $\overrightarrow{AB}+\overrightarrow{CD}=\vec{0}$이다.

여기에 있는 $\vec{0}$는 '제로 벡터'라 부르고 크기는 0이고 방향은 자유로 되어 있다.

즉 벡터에도 제로가 사용되고 있다. 제로 벡터에는 다음의 성질이 있다.

(1) $\vec{a}+(-\vec{a})=\vec{0}$
(2) $\vec{a}+\vec{0}=\vec{a}$
(3) $\vec{0}+\vec{a}=\vec{a}$

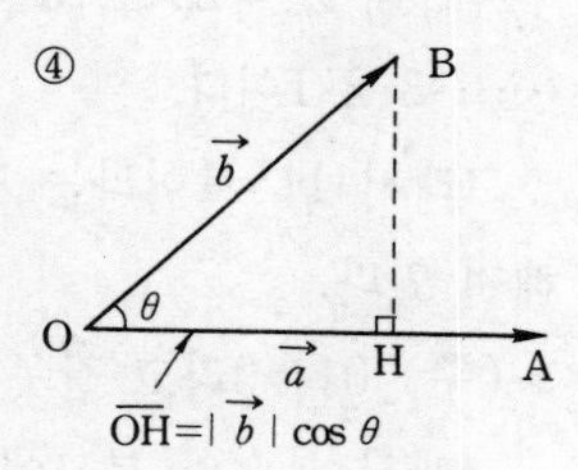

오른쪽 그림④처럼 2개의 벡터 $\vec{a}=\overrightarrow{OA}$, $\vec{b}=\overrightarrow{OB}$가 있을 때 점B에서 $\overrightarrow{OA}$로 수선 BH를 내려서 $|\overrightarrow{OB}|$의 정사영(正射影)을 $\overline{OH}$라 하면

$\overline{OH}=|\vec{b}|\cos\theta$(다만 $\theta=\angle BOA$)가 된다.

이때 $|\vec{a}|\cdot|\vec{b}|\cos\theta$를 2개의 벡터 $\vec{a}, \vec{b}$의 내적(內積)이라 한다.

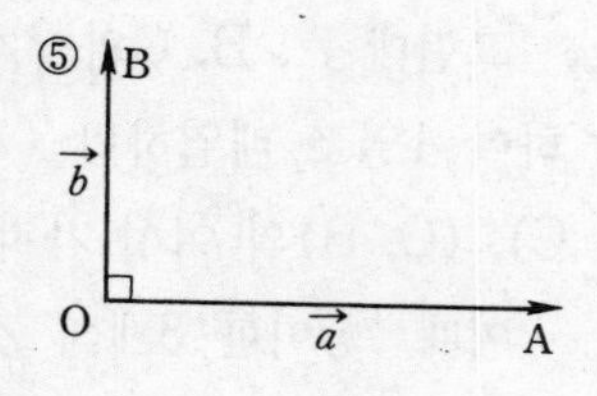

오른쪽 그림⑤처럼

$$\angle BOA=90°(=\frac{\pi}{2})$$

일 때 $\vec{a}, \vec{b}$의 내적은

$$|\vec{a}| \cdot |\vec{b}| \cos 90°$$

그런데 $\cos 90° = 0$이기 때문에 $|\vec{a}| \cdot |\vec{b}| \cos 90° = 0$가 된다. 즉 2개의 벡터가 수직일 때 교차해도, 교차하지 않아도 (내적) $= 0$이다.

이 제로는 벡터에 있어서는 매우 중요한 것으로 되어 있다.

그 밖의 내적의 표현은 생략한다.

6·19 순열·조합과 제로

양의 정수, 즉 자연수 n의 다음에 '감탄부' 또는 '감탄사'라 불리는 부호, exclamation mark를 붙여서 $n\,!$이라고 표현한다. 이것을 'n계승' 또는 'n의 계승'이라 부른다.

예컨대 $2! = 2 \times 1$, $3! = 3 \cdot 2 \cdot 1$처럼 되기 때문에 $n! = n(n-1) \cdot \cdots\cdots 3 \cdot 2 \cdot 1$이다.

그래서 $1! = 1$이라는 것이다. 그러나 재미있게도 $0! = 1$이라 정해져 있다.

(주) $0! = 0$라고 잘못 기억하지 않도록 할 것.

그래서 분수의 분모에 $0!$이 들어가거나 $0!$로 나누는 것이 가능하게 된다. 이것은 재미있는 0의 사용방법이다.

그런데 A, B, C의 3개의 문자가 있을 때 이 중에서 2개를 취하여 1열로 배열하면 (A, B), (B, A), (A, C), (C, A), (B, C), (C, B)의 여섯 가지가 있다.

이때 '상이한 3개의 것 중에서 2개를 취하여 1열로 배열하는 순열의 수는 6이다'라 하고 ${}_3P_2 = 6$이라고 나타낸다.

여기에 있는 P는 순열(permutation)의 머리문자이다. 따라서

'상이한 n개의 것 중에서 r개를 취하는 순열의 수'는 $_nP_r$이 된다.

그래서 사과, 밀감, 배가 각각 1개씩 있을 때 좋아하는 것을 2개 취하여 배열하는 배열방법도 $_3P_2$가지이다.

그런데 일반적으로 '상이한 n개에서 r개 취하여 배열하는 순열의 수'는 $_nP_r$인데 이 계산은 다음과 같이 된다.

$$_nP_r = n(n-1)(n-2)\cdots\cdots(n-r+1)$$
$$= \frac{n!}{(n-r)!}\ (n \geqq r)$$

여기서 $n=r$의 경우를 생각하여 보자.

예컨대 철수(철), 강아지(강), 원숭이(원), 꿩(꿩)이라 표현할 때 1열로 줄을 서서 하이킹을 한다면 여러 가지 순서를 생각할 수 있다.

철수가 선두일 때 두번째는 강아지거나 원숭이거나 꿩일 것이다. 만일 강아지가 2번을 차지하면 3번은 원숭이거나 꿩이다. 그래서 철수, 강아지, 원숭이가 1, 2, 3번을 차지하면 마지막은 꿩이 된다. 이것은 (철강원꿩)이라 표현하기로 한다면 다음과 같은 도형을 만들 수 있다. 이것을 '수형도(tree diagram)'라 한다.

그림에 있어서 (철강원꿩), (철강꿩원), (철원강꿩), (철원꿩강), (철꿩강원), (철꿩원강)의 여섯 가지인데 이것은 철수가 선두에 섰을 때이고 최근의 민주주의 추세로는 누가 선두에 서도 되니까 강아지, 원숭이, 꿩이 각각 선두에 섰을 때 그 각각에 대해서 이러한 수형도를 만들 수 있다.

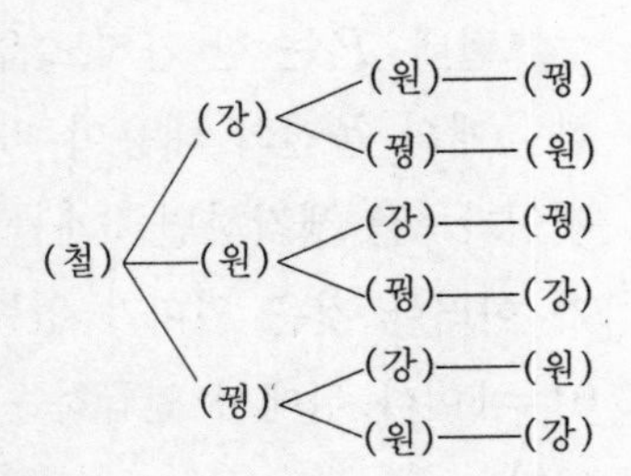

즉 6×4=24(가지)가 된다.

이것을 앞에서 말한 공식 ${}_nP_r=\frac{n!}{(n-r)}$ $(n\geqq r)$에 적용해서 $r=n$이라 하면

$${}_nP_n=\frac{n!}{(n-n)!}=\frac{n!}{0!}=\frac{n!}{1}=n!$$

로 된다. 바꿔 말하면 ${}_nP_n=n!$

이 식에 $n=4$를 대입하면

$${}_4P_4=4!=4\cdot3\cdot2\cdot1=24(\text{가지})$$

로 되고 철수 일행의 하이킹의 줄서는 순번의 총수가 된다.

조금 우스운 것을 생각해 보자. 지금 여기에 n개의 상이한 물건이 있다. 이 중에서 r개를 취하는 순열의 수는

$${}_nP_r=\frac{n!}{(n-r)!}$$

그러나 만일 $r=0$라면

$${}_nP_0=\frac{n!}{(n-0)!}=\frac{n!}{n!}=1$$

그러므로 ${}_nP_0=1$이 된다.

그런데 ${}_nP_0$는 한 가지도 없을 것이다. 그러나 ${}_nP_0=1$이다. 상이한 n개의 물건의 내용이 바뀌지 않는 것이니까 역시 한 가지인 것인가. 잘 생각하면 0개를 취한다는 것은 어떠한 것인가. 원래가 이러한 것은 의미가 없는 것인지도 모른다. 그러나 ${}_nP_0=1$은 $0!=1$이나 뒤에서 언급하는 ${}_nC_0=1$과 마찬가지로 재미있는 사실이다.

이어서 조합에 대해서 언급하기로 한다.

상이한 n개의 물건 중에서 순서를 생각하지 않고 r개를 취하는 조합은 ${}_nC_r$이다. 여기에 있는 C는 조합(combination)의 머리 문자이다.

즉 A, B, C 3개의 문자 중에서 순서를 생각하지 않고 2개를 취하는 조합은 A와 B, A와 C, B와 C의 세 가지이다. 이것은 ${}_3C_2=3$(가지)이라고 쓴다.

그런데 조합의 공식은

$$ {}_nC_r=\frac{{}_nP_r}{r!}=\frac{n(n-1)\ (n-2)\cdots\cdots(n-r+1)}{r!} $$

$$ =\frac{n!}{r!(n-r)!}\ (n\geqq r) $$

그런데 여기서도 ${}_nC_0=1$로 정하고 있다.

즉 상이한 n개의 물건 중에서 순서를 생각하지 않고 0개 취하는 조합의 수는 1로 되어 있다.

이어서 ${}_nC_r$의 이용에 대하여 언급한다.

$$ (a+b)^2=a^2+2ab+b^2 $$

$$ (a+b)^3=a^3+3a^2b+3ab^2+b^3 $$

등의 지수를 2, 3, ……으로 크게 해가면 $(a+b)^n$의 전개식은 계수는 ${}_nC_r$의 형태로 나타내서

$$ (a+b)^n=\sum_{r=0}^{n}{}_nC_r\ a^{n-r}\ b^r $$

$$ ={}_nC_0a^n+{}_nC_1\ a^{n-1}b+{}_nC_2\ a^{n-2}b^2+\cdots\cdots+{}_nC_ra^{n-r}b^r+\cdots\cdots+{}_nC_{n-1}ab^{n-1}+{}_nC_n\ b^n $$

으로 되어 있다. 여기서도 제로의 활약을 볼 수 있다.

그리고 이 식에 있어서 $a=b=1$이라 하면

$$ {}_nC_0+{}_nC_1+{}_nC_2+\cdots\cdots+{}_nC_n=2^n $$

또 $a=1, b=-1$이라 하면

$$ {}_nC_0+{}_nC_2+{}_nC_4+\cdots\cdots $$
$$ ={}_nC_1+{}_nC_3+{}_nC_5+\cdots\cdots=2^{n-1} $$

등의 등식에도 제로의 활약을 볼 수 있다.

▨ 6·20 확률과 제로

확률에는 낯익지 않은 말, 문자, 기호 등이 많고 읽어도 그다지 재미가 없기 때문에 여기서는 그것들을 건너 뛰어서 구체적인 예에 대하여 언급하기로 한다.

시대극(時代劇)에서 친숙해진 야쿠자(깡패)의 도박장이나 악질적인 영주(領主)의 대저택 등에서 사용되고 있는 주사위에는 여러 가지로 세공(細工)이 되어 있거나 마루 밑에서 가느다란 철사로 주사위를 굴리고 있는 것 같은데, 세공이라는 것은 주사위의 중심에서 벗어난 부분에 납 등의 비교적 무거운 금속이 들어가 있어 우두머리 또는 '주사위 놀음에서 주사위가 들어 있는 종지를 흔들어 엎는 사람'이라고 부르는 자의 마음 먹는 대로 주사위의 눈(수)이 나오도록 되어 있었던 것 같다.

그런데 본론으로 들어가서 당시 일본의 도박은 여러 가지 있었던 것 같다. 주사위 노름은 2개의 주사위를 동시에 던져서 눈의 합이 짝수가 되는 것을 '쵸(丁)'라 하고 눈의 합이 홀수가 되는 것을 '항(半)'이라 하였다.

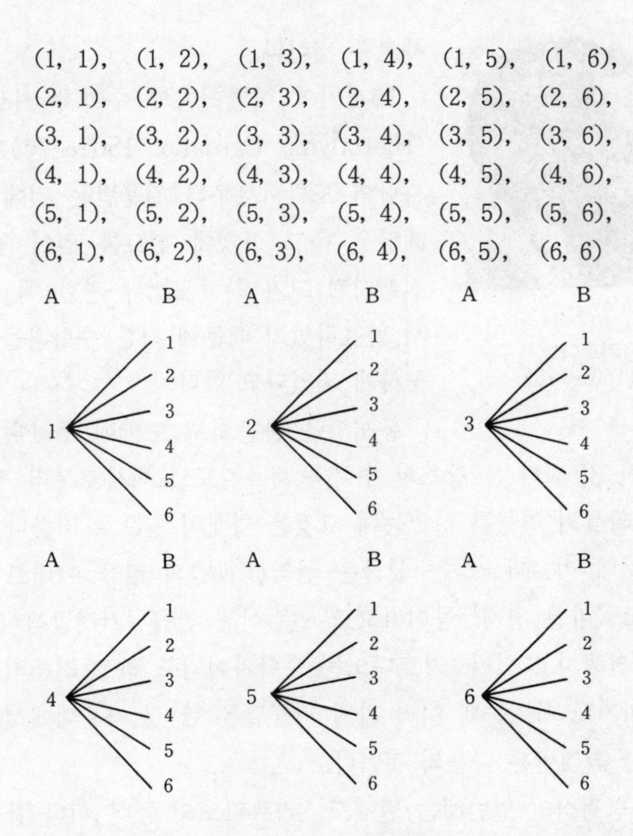

그러면 어떻게 하여 노름이 되는 것인가, 정말 쵸와 항은 평등하게 나오는 것인가. 조금 수학적으로 생각해 보자.

2개의 주사위 A, B를 흔들 때 A의 1~6의 눈에 대하여 B는 1~6의 눈이 자유로이 나오기 때문에 앞의 36가지이다. 이것은 6×6=36(가지)의 내용인데 수형도를 보면 더 분명하다.

이들 36가지 중 쵸가 18가지, 항이 18가지이기 때문에 쵸와 항은 평등하다. 그러므로 노름이 성립하는 것이 된다.

그런데 '확률(probability)' 또는 '확실성'이라는 학문은 비교적

카르다노
(1501～76)

새로운 것이다.

16세기의 이탈리아의 수학자 카르다노(Hieronymo Cardano, 1501～76)가 한 사람의 도박사로부터 질문받은 것에 대한 해답을 내고 그것에 힌트를 얻어 연구를 진행시켜 그가 쓴 『도박에 관한 책』 속에서 발표하였기 때문에 다른 수학자들도 연구하게 되었다고 한다.

동서양을 불문하고 도박에 주사위는 부속물인 것 같다. 프랑스의 수학자 파스칼도 도박사로부터 질문을 받고 확률의 연구를 하였는데 그것은 별개의 항으로 미룬다.

그런데 카르다노라는 인물은 산적(山賊)의 딸을 아내로 맞이하였고 '미친 천재' 등이라고도 일컬어질 만큼 '거짓말쟁이'였다고도 전해지고 있다. 카르다노는 수학자이기도 하고 전문적인 도박사이기도 하였는데 여러 가지 거짓말을 한 것 가운데에서 가장 유명한 거짓말은 다음의 것이다.

3차방정식의 일반해는 현재도 「카르다노의 공식」이라 불릴 만큼 유명하지만 실은 타르타리아(말더듬이)라는 별명을 가진 니콜로 폰타나(Nicolo Fontana, 1499～1557)가 발견한 것이다.

그것을 안 카르다노는 몇 번이나 가르쳐 달라고 부탁했으나 여간해서 가르쳐주지 않았다.

그래서 절대로 발설하지 않는다는 조건으로 가까스로 가르쳐 받았는데 저서 『커다란 술수』 속에서 자신이 3차방정식의 해법을 발견하였다고 쓴 것이다.

타르타리아는 매우 분하게 생각하였는데 카르다노는 태연한 얼굴을 하고 있었다는 것이다.

그러면 본론으로 되돌아가서 '어떤 사상(事象) A가 반드시 일어난다는 것을 알고 있을 때 P(A)=1'이지만 '어떤 사상 B는 절대 일어나지 않는다는 것을 알고 있을 때 P(B)=0'이다. 이러한 것을 P(B)=ϕ라 나타내고 있다.

간단한 예를 보여주겠다. 하나의 주사위를 흔들(던질) 때 1~6의 어떤 눈이 나와도 괜찮다고 하면 이 사상 A의 확률은 P(A)=1이지만 하나의 주사위를 흔들 때 7의 눈이 나올 수 있는 사상 B의 확률은 P(B)=0가 된다. 7의 눈이 나오는 일은 절대로 없기 때문이다.

여기서도 제로의 활약을 볼 수 있다.

주사위의 이야기는 가짜여서도 안되고 또 제멋대로 눈의 수를 만들어도 안된다. 진짜 정6면체이고 안과 겉의 눈의 합이 7로 되어 있는 주사위로서 0의 눈은 들어가 있지 않은 1~6의 눈의 주사위이다.

말이 나온 김에 주사위는 정다면체(5종이 있음)로 만들어져 있다. 그렇지만 정4면체, 정8면체는 뾰죽해서 구르기 어렵다. 정6면체(입방체)는 구른다는 점에서는 낙제이지만 만들기 쉽기 때문에 많이 이용되고 있다.

난수 주사위는 정20면체로서 0~9의 수가 2조 있다. 또하나의 정다면체는 12면체로 1~6의 수를 2조 배치하여도 그다지 이용가치가 있다고는 생각되지 않는다.

6·21 통계와 제로

통계학(statistics)의 이론은 여러 가지 있어 알기 어려운 면도 있기 때문에 여기서는 구체적인 예를 언급하여 제로의 활약만을 생각하기로 한다.

어느 학교의 생도 52명의 키를 재었더니 다음과 같은 도수분포표가 만들어졌다.

계급 (cm)	계급값 (cm)	도수 (명)	계급값 ×(도수)
130~134	132	4	528
134~138	136	5	680
138~142	140	7	980
142~146	144	10	1440
146~150	148	9	1332
150~154	152	8	1216
154~158	156	6	936
158~162	160	3	480
계		52	7592

계급값 (x)	$u=\frac{x-a}{4}$	도수 (f)	uf
132	−3	4	−12
136	−2	5	−10
140	−1	7	−7
144	0	10	0
148	1	9	9
152	2	8	16
156	3	6	18
160	4	3	12
계		52	26

이 표에서 평균값을 구하면 다음과 같이 된다.

$$\bar{x}=\frac{7592}{52}=146(\text{cm})$$

그런데 도수가 가장 큰 계급값을 a라 하고

$$u_i=\frac{x_i-a}{4}(i=1, 2, 3, \cdots\cdots)$$

이라 하면 u_i는 위의 표처럼 간단한 수가 된다. 표의 0에 주목하기 바란다.

이 표를 사용하여 평균값은

$$\bar{x}=4\times\frac{26}{52}+144$$

$$=\frac{26}{13}+144=2+144$$
$$=146(\text{cm})$$

여기서도 0의 대활약을 볼 수 있다.

▩ 6·22 미적분과 제로

영국의 뉴턴(Sir Issac Newton, 1642~1727)이나 독일의 라이프니츠(Gottfried Wilhelm Freiherrvon Leibniz, 1646~1716) 등에 의하여 완성된 미적분 중에도 제로의 활약이 있다.

라이프니츠
(1646~1716)

우선 미분(differential)의 정의

$$f'(x)=\lim_{\Delta x\to 0}\frac{f(x+\Delta x)-f(x)}{\Delta x}$$

를 보면 $\Delta x\to 0$로부터 출발하고 있는 것을 잘 알 수 있다.

즉 $f'(x)=\tan\theta$라는 것으로 곡선의 접선의 기울기를 보여주고 있다(다음 그림① 참조).

다음은 상수 k의 미분, 즉 도함수(導函數)는

$$f'(x)=\lim_{\Delta x\to 0}\frac{k-k}{\Delta x}=0$$

'상수를 미분하면 제로가 된다'라는 것이다.

이러한 것은 그림②에 의하여 잘 알 수 있다. 즉 x축에 평행인 직선의 접선은 직선 바로 그것으로

$$f'(x)=\tan\theta=\tan 0°=0$$

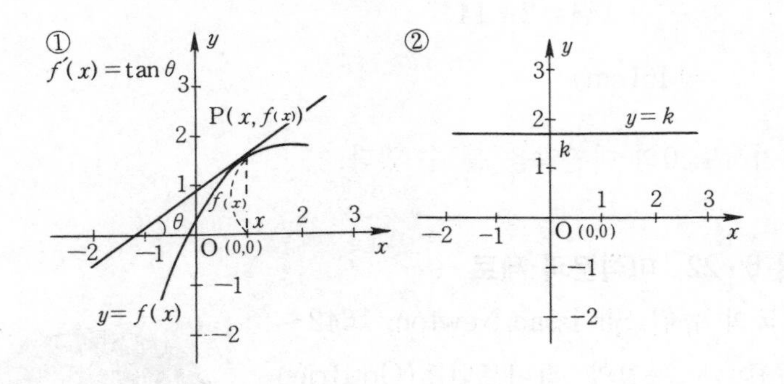

라는 것이다.

이어서 적분(integration)의 계산공식을 보면

$$I=\int_a^b f(x)dx$$

로 되어 있는데 a를 '하단' 또는 '하한'이라 하고 b를 '상단' 또는 '상한'이라 한다.

그런데 실제로 계산하는 경우 $f(x)$의 '원시함수' 또는 '부정(不定)적분'이라 일컬어지는 $F(x)$를 구하여

$$\int_a^b f(x)dx=\Big[F(x)\Big]_a^b=F(b)-F(a)$$

를 계산하고 있는데 a, b 중 적어도 한쪽을 0으로 하면 계산이 간단해진다.

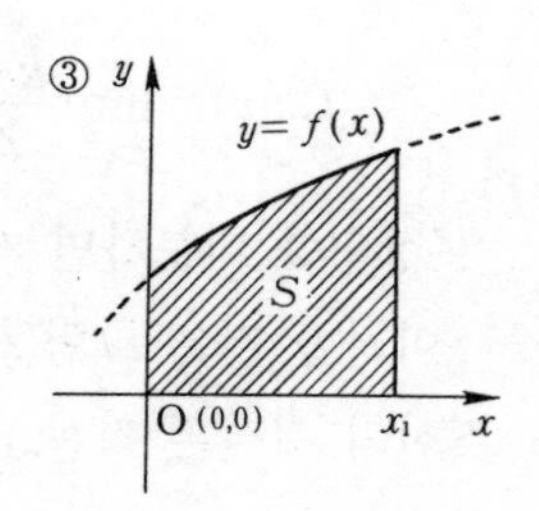

예컨대 오른쪽 그림③의 넓이 S를 구할 때

$$S=\int_0^{x_1} f(x)dx=F(x_1)-F(0)$$

라 하면 F(0)는 제로나 상수가 되기 때문에 계산은 간단하다.

단지 하나만 주의해 둘 것은 아래 그림④, 즉

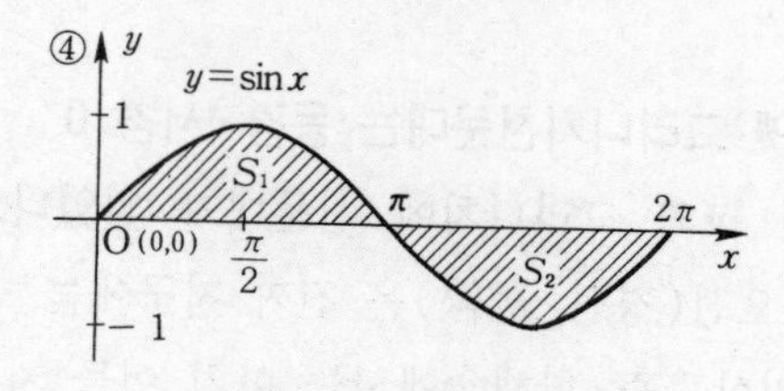

$y=\sin x$와 x축 사이의 넓이 S_1+S_2를 구할 때

$$\int_0^{2\pi} \sin x dx \text{라 하면 이 값은}$$

$$\Big[-\cos x\Big]_0^{2\pi}=-\cos 2\pi-(-\cos 0)=-0-(-0)$$
$$=-0+0=0$$

가 되어 버리기 때문에

$$S_1+S_2=2\int_0^{\pi} \sin x\,dx=2\Big[-\cos x\Big]_0^{x}$$
$$=2\{-\cos\pi-(-\cos 0)\}$$
$$=2\{-(-1)-(-1)\}$$
$$=2(1+1)=2\times 2=4$$

로 하여 계산하지 않으면 안되고 또는

$$S_1+S_2=4\int_0^{\frac{\pi}{2}} \sin x\,dx=4\Big[-\cos x\Big]_0^{\frac{\pi}{2}}$$
$$=4\Big\{-\cos\frac{\pi}{2}-(-\cos 0)\Big\}$$
$$=4\{-0-(-1)\}=4(1-0)=4$$

로 하여 계산하지 않으면 안된다.

이들의 계산에도 제로는 대활약을 하고 있다.

▨ 6·23 옛 그리니치천문대는 동경·서경 0°

영국의 런던 교외 그리니치에 천문대가 있었다. 지구의(地球儀)와 같은 자오선(경선, 經線)은 진짜 지구에는 그어져 있지 않으나 지도나 기상관측·항해술에서는 마치 이들 자오선이 그어져 있는 것처럼 생각한다.

동경 몇 도, 서경 몇 도라는 것은 그리니치 옛 천문대를 통과하는 자오선을 동경 0°, 서경 0°로 하여 동쪽과 서쪽으로 각각 180°씩, 즉 한 바퀴 360°로 되어 있다.

이들 경선은 지구의 일주를 나타내는 원둘레의 절반, 즉 반원에 대한 것을 말한다.

즉 경선은 지구의 대원(大円)이고 그래도 모르는 독자를 위해 다음의 그림을 그려둔다.

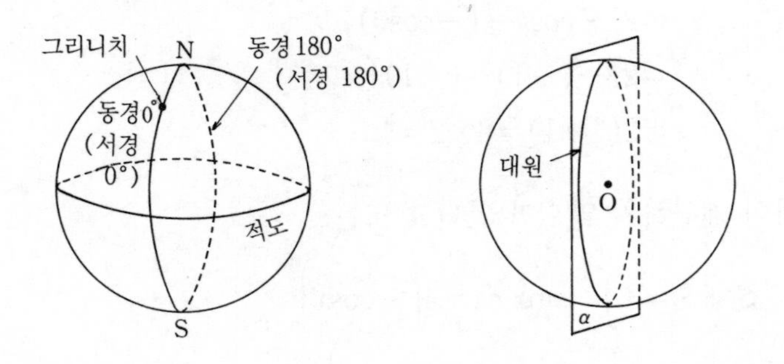

조금 더 상세히 설명하면 구(球)의 대원이란 구의 중심을 통과하는 평면으로 구를 절단했을 때의 절단면의 곡선, 즉 가장 큰

원이다.

제로의 활약으로서 그리니치 옛 천문대를 통과하는 자오선(경선)의 기준이 동경 0°, 서경 0°이다.

6·24 지구의 적도는 북위·남위 0°

지구의와는 달라서 진짜 지구에는 북위 몇 도라든가 남위 몇 도라든가, 또 적도 등이 그어져 있을 리가 없다.

그러나 천문·항법(航法)·기상 등에서는 실제로 곡선이 그어져 있는 것과 같은 느낌으로 다루고 있다.

적도를 북위 0°, 남위 0°로 하여 북위도 남위도 각각 90°씩 있다. 즉 한 바퀴가 360°이다.

그러나 경선과 마찬가지로 적도는 대원인데 위선(緯線)은 위도(緯度)가 높아(커)지면 원둘레의 길이는 작아져서 소원(小円)이다. 즉 적도면에 평행인 평면으로 지구를 절단했을 때의 소원이 위선이다.

소원이란 구의 중심을 통과하지 않는 평면으로 구를 절단했을 때의 절단면이다. 그림의 N, S에서 적도면에 평행한 평면으로 절단하면 소원은 점이 되고 넓이는 0가 된다.

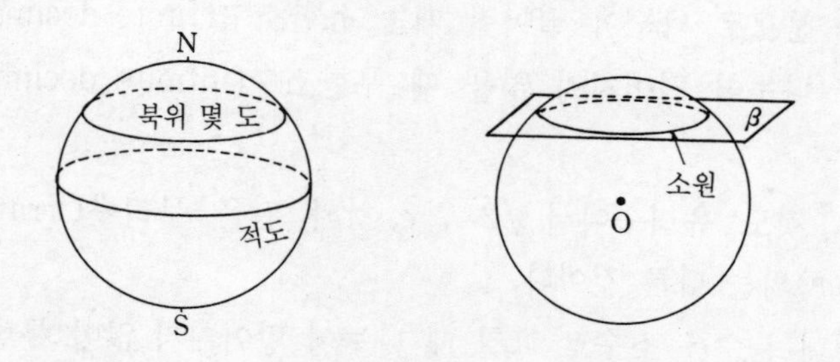

▩ 6·25 소수와 제로

북부는 뒤에 독립하여 화란공화국이 된 네덜란드에, 앞에서 말한 시몬 스테빈이라는 사람이 있었다. 그는 상점에 근무하고 있었는데 그후 프러시아(지금의 독일), 폴란드 방면을 여행하고 네덜란드군의 회계 일을 하고 있었다.

그는 1585년에 소수(小數)에 관한 책을 출판하고 그 안에서 237.578이라 쓰는 대소수(帶小數)를 237⓪5①7②8③이라 적었다.

그 책 안에는 소수끼리의 4칙, 즉 덧셈, 뺄셈, 곱셈, 나눗셈의 계산방법에 대하여도 언급하고 있다.

그리고 소수의 기호에 이어서 지수기호에 대해서도 x를 ①, x^2을 ②, x^3을 ③, …… 등이라 나타낸 것 같다.

유럽에서는 기원전부터 분수가 발달하고 있었으나 소수의 탄생은 산용숫자가 들어와서부터의 일로서 16~17세기가 되어서부터일 것이다.

분수 $\frac{1}{2}$을 0.5, 분수 $\frac{1}{4}$을 0.25, …… 등이라 나타내게 된 것은 그 이후의 일이라고 생각한다.

분수를 소수로 고치는 것은 분자를 분모로 나누면 되는 것으로 분자가 분모로 나누어 떨어질 때는 유한소수(finite decimal)가 되지만 나누어 떨어지지 않을 때 무한소수(infinite decimal)가 된다.

어느 것도 유리수여서 $\sqrt{2}$, e, π와 같은 무리수(irrational number)와는 다른 것이다.

그런데 분수를 소수로 고칠 때 나누어 떨어지지 않아 무한소수가 되면 그것은 반드시 '순환소수(recurring decimal)'가 된다.

왜 순환하는가.

그것은 분모가 아무리 큰 정수일지라도 몇 번이나 나눔을 진행시키면 유한회중 반드시 같은 나머지가 나온다. 즉 나머지는 나누는 수(제수)보다 작기 때문이다.

그래서 같은 나머지가 나오면 다음은 같은 몫이 된다. 그러므로 거기서부터 순환이 시작되는 것은 당연하다.

```
    0.14285714
 7) 1.0
     7
     30
     28
      20
      14
       60
       56
        40
        35
         50
         49
          1
```

예컨대

$$1 \div 7 = 0.142857145827\cdots\cdots$$

이 되는 것을 보아도 알 수 있다.

그런데 본론인 '소수와 제로'에서는 0.1, 0.01, 0.001, …… 을 비롯하여 앞에서 말한 0.5, 0.25 등도 모두 제로의 활약의 장이다.

즉 '제로 없음'에서는 소수는 표시할 수 없다는 것으로 물론 대소수인 1.2345 등은 1+0.2345의 표현을 바꾼 것에 불과하다.

이 장(제 6 장) 제로의 수학세계도 흥행의 마지막 출연은 '소수와 제로'일 것이다.

7

0와 컴퓨터 프로그램

7·1 2진수란?

현재의 거대한 정보화사회를 움직이고 있는 것은 컴퓨터이다. 이 원리가 2진수인 것은 잘 알고 있을 것이지만 조금 복습을 해 두자.

세계중 어느 지방에서도 아득히 먼 옛날부터 물건의 수를 세는, 즉 '명수법(命數法)'은 있었다. 가령 미개인이라도 1, 2, many라고 구별은 할 수 있었다.

그러나 유럽인이 아프리카에 처음 갔을 무렵의 이야기로서 보석 1개와 총의 탄환 1개와 교환하였으나 합쳐진 수가 된 바로 그 순간 'No!'로 되어 교환을 할 수 없었다 한다. 그러나 1개씩이라면 몇 번이라도 교환하였다는 것이니까 이것이야말로 참된 의미에서의 '1대 1의 대응'일 것이다.

물론 수사는 1대 1의 대응에서 발생한 것이지만 사람의 생활도 점점 진보하여 물물교환을 하게 되면 수사도 증가하고 이윽고 숫자, 즉 '기수법(記數法)'이 필요한 시대로 된 것이다.

기수법의 초보는 다른 물건으로 바꿔 놓거나 돌멩이나 유리알을 사용하였다. 주판은 선(線)주판, 즉 홈 위에 알을 놓는 것으로부터 계수기와 같은 러시아주판(아바쿠스)이 되고 이윽고 중국의 주판(상단의 알 2개, 하단의 알 5개)으로 되었으며 일본에서 개량된 '네 알 주판'이 생겼다.

그런데 이야기를 본론으로 되돌려 우선 산용숫자의 분해부터 생각하기로 한다.

지금 1992에 대하여 분석하면

$$
\begin{aligned}
1992 &= 1000+900+90+2 \\
&= 1000\times1+100\times9+10\times9+1\times2
\end{aligned}
$$

$$=10^3\times 1+10^2\times 9+10^1\times 9+10^0\times 2$$

로 되어 있다. 즉 10^n의 내림거듭제곱의 순으로 배열되어 있다.

마찬가지로

$$2^n\times a+2^{n-1}\times b+\cdots\cdots+2^3\times h+2^2\times i+2^1\times j+2^0\times k$$

가 되면 이것은 2진수인

$$ab\cdots\cdots\cdots hijk$$

로 된다.

그런데 이러한 $ab\cdots\cdots\cdots hijk$를 구하려면 어떻게 하면 되는가. 10진수인 1992를 예로 생각하기로 하자.

10) 1 9 9 2　　　　　　(1992÷10=199……②)
10) 　1 9 9………②　　(199÷10=19……⑨)
10) 　　1 9……⑨　　　(19÷10=①…⑨)
　　　　①……⑨　　　⇒(10진수) 1 9 9 2

이것이 10진수 1992의 정체이다.

그래서 1992를 2로 몇 번이라도 나눗셈을 하면 오른쪽의 그림처럼 된다. 가장 아래의 1과 우측에 나와 있는 나머지를 아래로부터 순서대로 적으면

11 111 001 000

이것이 2진수로 나타낸 10진수 1992의 정체이다.

2) 1 9 9 2
2) 　9 9 6 ……⓪
2) 　4 9 8 ……⓪
2) 　2 4 9 ……⓪
2) 　1 2 4 ……①
2) 　　6 2 ……⓪
2) 　　3 1 ……⓪
2) 　　1 5 ……①
2) 　　　7 ……①
2) 　　　3 ……①
　　　　　① ……①

이와 같이 4자리의 10진수의 1992는 2진수로 고치면 11자리가 되는 것을 알 수 있다.

말이 나온 김에 2진수를 조금 적기로 하자.

10진수	1	2	3	4	5	6	7	8	9	10
2진수	1	10	11	100	101	110	111	1000	1001	1010
2^n	2^0	2^1		2^2				2^3		

11	12	13	14	15	16	17	18
1011	1100	1101	1110	1111	10000	10001	10010
					2^4		

19	20	21	22	23	24	25
10011	10100	10101	10110	10111	11000	11001

26	27	28	29	30	31	32
11010	11011	11100	11101	11110	11111	100000
						2^5

▨ 7·2　8진수에서 2진수로

앞의 절에서 알 수 있는 것처럼 2진수를 직접 구하는 것은 매우 큰 일이다. 10진수가 작을 때는 괜찮다 해도 큰 10진수를 어떻게 하여 2진수로 고치면 되는 것인가.

그런데 $2^3=2\times2\times2=8$이라는 것을 이용하여 10진수를 우선 8진수로 고쳐 보자.

```
8)1 9 9 2              (1992÷ 8 =249 ……⓪)
8)  2 4 9   ……⓪       (249÷ 8 =31……①)
8)    3 1   …①        (31÷ 8 =③…⑦)
        ③…⑦           ⇒ ( 8진수 ) 3   7  1  0
```

이 계산으로부터 알 수 있는 것처럼 10진수 1992는 8진수로 고치면 3710(3천7백십은 아니다!), 즉 '3, 7, 1, 0'이라 부르게 된다.

여기서 미리 0~7까지를 10진수에서 2진수로 고친 표를 다음과 같이 준비해 둔다.

8진수	0	1	2	3	4	5	6	7
2진수	000	001	010	011	100	101	110	111

상단은 8진수라고 적어도, 10진수라고 적어도 마찬가지이다.

이 표의 상단은 (10진수)⇒(8진수)이다.

그런데 앞에서 구한 8진수 3710의 각 자리에 위의 표의 2진수를 대입하면

1992 ⇒ 3710 ⇒ 011 111 001 000

가 되기 때문에 머리의 0를 제거시키면

1992 ⇒ 3710 ⇒ 11 111 001 000

이것이 10진수를 2진수로 고친 것이다.

그러면 또하나의 예를 보여 주겠다.

10진수 1992365를 2진수로 고치려면 우선 나눗셈에 의하여 10진수를 8진수로 고친다.

```
8)1992365              (1992365÷8=249045……⑤)
8) 249045……⑤          (249045÷8=31130……⑤)
8)  31130……⑤          (31130÷8=3891……②)
8)   3891……②          (3891÷8=486……③)
8)    486……③          (486÷8=60……⑥)
8)     60……⑥          (60÷8=⑦……④)
        ⑦……④        ⇒(8진수)     7 4 6 3 2 5 5
```

이어서 앞의 표를 사용하여 8진수를 2진수로 고치면

1992365 ⇒ 7463255

⇒ 111 100 110 011 010 101 101

이 된다. 이것이 7자리의 10진수 1992365를 2진수로 고친 것으로 무려 21자리로 되어 있다.

▨ 7·3 16진수에서 2진수로

8진수와 마찬가지로 10진수 1992를 16진수로 고쳐보자.

```
16) 1 9 9 2                (1992÷16=124……⑧)
16)   1 2 4……⑧            (124÷16=⑦…⑫)
        ⑦…⑫               ⇒(16진수)⑦ ⑫ ⑧
```

그런데 16진수가 되면 0～15까지 16개의 숫자를 필요로 한다.

그래서 16개의 숫자를 한 자릿수로 맞추어 현대는 컴퓨터 시대를 위하여 0, 1, 2, 3, 4, 5, 6, 7, 8, 9, A, B, C, D, E, F의 16개의 숫자라고 하는 기호를 사용하고 있다. 물론 A=10, ……, F=15이다.

즉

1992 ⇒ ⑦⑫⑧ ⇒ 7C8

이라고 쓰게 된다. 읽기는 '7, C, 8'이다.

여기서 8진수와 마찬가지로 16진수에서 2진수로의 환산표를 4자릿수로 만들면 다음과 같이 된다.

0	1	2	3	4	5	6	7
0000	0001	0010	0011	0100	0101	0110	0111

8	9	A	B	C	D	E	F
1000	1001	1010	1011	1100	1101	1110	1111

이 표를 사용하여

1992 ⇒ 7C8 ⇒ 0111 1100 1000

머리의 0를 제거하여 111 1100 1000이 된다. 즉 10진수에서 직접 2진수로 고쳐도 8진수를 중개(仲介)로 하여도 또 16진수로부터 고쳐도 2진수에는 아무 변화도 없다.

그러면 10진수 199236528을 2진수로 고쳐보자.

```
16)199236528            (199236528÷16=12452283…⓪)
16) 12452283 ……⓪      (12452283÷16=778267…⑪)
16)   778267 ……⑪      (778267÷16=48641…⑪)
16)    48641 ……⑪      (48641÷16=3040…①)
16)     3040 ……①      (3040÷16=190…⓪)
16)      190 ……⓪      (190÷16=⑪…⑭)
          ⑪ ……⑭ ⇒(16진수) ⑪ ⑭⓪①⑪ ⑪ ⓪
```

199236528 ⇒ B E 0 1 B B 0

⇒ 1011 1110 0000 0001 1011 1011 0000

이 된다.

이상의 것으로 알 것으로 생각하는데 여기서 다시 2^5, 2^6, 2^7, ……으로 10진수를 처음에 나눗셈을 해두고 32진수, 64진수, 128진수, ……를 사용하면 아무리 큰 10진수도 간단히 2진수로 고치는 것이 가능하다.

그런데 컴퓨터의 발명에 따라 2진수는 각광을 받게 된 것인데 0와 1로 모든 자연수를 나타낼 수 있다. 얼마나 훌륭한 발견인가. 앞에서 말한 것처럼 독일의 수학자 라이프니츠도 생각한 2진수, 0와 1의 활약은 이 이용에 따라 한층 활기를 띠게 된 느낌이 있다.

▨ 7·4 컴퓨터의 프로그램

컴퓨터의 발달은 참으로 눈부시다. 그 옛날 2진수를 생각한 독일의 수학자 라이프니츠(Gottfried Wilhelm Leibniz, 1646~1716)도 오늘날의 컴퓨터 발전의 모습은 상상도 할 수 없었을 것이다. 그러나 0와 1만으로 양의 정수, 즉 자연수를 나타내는 것은 획기적인 일이다. 확실히 0와 1, 즉 점(点)과 멸(滅), on과 off, 여러 가지 생각할 수 있는데 yes와 no로도 괜찮다.

바꿔 말하면 이것이 제로의 최대이용이고 큰 종착역인지도 모른다. 이만큼 제로를 활용한, 즉 잘 이용한 예는 없을 것이다.

이 절에서는 컴퓨터의 프로그램에 대해서 언급하기로 한다. 이 프로그램은 나라(奈良)여자대학 조교수·공학박사인 니시오카 히로아키(西岡弘明) 선생의 호의에 따른 것이다.

그런데 바야흐로 기네스북의 선봉(先鋒) 다툼을 일본과 미국에서 전개하고 있는 '원주율 π의 근사값'은 컴퓨터의 성능－신뢰성, 처리속도, 사용의 용이성 등－을 조사하는 데에 가장 적합하다는 것이다.

따라서 이 책에서도 원주율 π의 프로그램을 여러 가지 각도에서 바라보고 여러 가지 방법이나 전개공식을 이용하여 언급하기로 한다.

우선 먼저 도호쿠(東北)대학 명예교수·이학박사인 히라야마 아키라(平山諦) 선생으로부터 편지로 받은 π의 전개공식을 사용해서 프로그램을 만들어 보았다.

이 프로그램은 후지쓰(富士通)M 767/6, FORTRAN 77을 사용한 것이다.

〔1〕 ● $\pi = 3 + \frac{1}{7} - \frac{1}{700} + \frac{1}{700 \times 9} + \frac{1}{700 \times 9 \times 30}$

```
REAL*8 PI
PI=3.0D0+1/DBLE(7)-1/DBLE(700)+1/DBLE(700*9)+1/DBLE(700*9*30)
WRITE(*,*) 'PI=',PI
STOP
END
```

PI=3.1415925925925920

〔2〕 ● $\frac{\pi}{4} = 22 \tan^{-1}\frac{1}{28} + \tan^{-1}\frac{1}{56544}$

```
REAL*8 PI
PI=88*DATAN(1/28.0D0)+4*DATAN(1/56544.0D0)
WRITE(*,*) 'PI=',PI
STOP
END
```

PI=3.1415926571500545

〔3〕 ● $\frac{\pi}{3} = 1 + \frac{1}{2 \cdot 3} \cdot \frac{1}{4} + \frac{1 \cdot 3}{2 \cdot 4} \cdot \frac{1}{5} \cdot \frac{1}{4^2} + \frac{1 \cdot 3 \cdot 5}{2 \cdot 4 \cdot 6} \cdot \frac{1}{7} \cdot \frac{1}{4^3} + \cdots\cdots$

```
REAL*8 PI,X
PI=1.0D0
X=0.5D0/4
DO 10 I=2,50
PI=PI+X/DBLE(I*2-1)
X=X*DBLE(I*2-1)/DBLE(I*8)
10 CONTINUE
```

```
      PI=PI*3.0D0
      WRITE(*,*) 'PI=',PI

      STOP
      END
```

PI=3.1415926535897842

〔4〕 ● $\pi = 2\sqrt{3}\left(1 - \frac{1}{3\cdot3} + \frac{1}{5\cdot3^2} - \frac{1}{7\cdot3^3} + \frac{1}{9\cdot3^4} - + \cdots\cdots\right)$ (샤프의 공식)

```
      REAL*8 PI,X

      PI=1.0D0
      X=1.0D0

      DO 10 I=1,1000

      X=X/3.0D0
      IF(MOD(I,2).EQ.0) THEN
        PI=PI+X/DBLE(I*2+1)
       ELSE
        PI=PI-X/DBLE(I*2+1)
       ENDIF
   10 CONTINUE

      PI=PI*2.0D0*DSQRT(3.0D0)
      WRITE(*,*) 'PI=',PI

      STOP
      END
```

PI=3.1415926535897922

〔5〕 ● $\pi = 2\sqrt{2}\left(1 + \frac{1}{3} - \frac{1}{5} - \frac{1}{7} + \frac{1}{9} + \frac{1}{11} - - \cdots\cdots\right)$

```
      REAL*8 PI,C

      C=DSQRT(8.0D0)
      PI=1.0D0
```

```
      DO 10 N=2,200001

      IF (MOD(N,4).EQ.1 .OR. MOD(N,4).EQ.2) THEN
        PI=PI+1/DBLE(N*2-1)
       ELSE
        PI=PI-1/DBLE(N*2-1)
       ENDIF

      IF (MOD(N-1,10000).EQ.0) THEN
       WRITE(*,600) 'N =',N,' PI =',C*PI
600    FORMAT(' ',A,I7,A,G23.17)
      ENDIF

   10 CONTINUE

      STOP
      END
```

N=200001 PI=3.1415926535132170

〔6〕 ● $\pi=96(2+\sqrt{2})\left(\frac{1}{1\cdot3\cdot5\cdot7}+\frac{1}{9\cdot11\cdot13\cdot15}+\frac{1}{17\cdot19\cdot21\cdot23}+\cdots\cdots\right)$

```
      REAL*8 PI,C

      C=96.0D0*(2.0D0+DSQRT(2.0D0))
      PI=0.0D0

      DO 10 N=1,5000

       J=N*8-7
       PI=PI+1/DBLE(J)/DBLE(J+2)/DBLE(J+4)/DBLE(J+6)
       IF (N.EQ.1 .OR. MOD(N,500).EQ.0) THEN
        WRITE(*,600) 'N =',N,' PI =',C*PI
600     FORMAT(' ',A,I5,A,G23.17)
       ENDIF

   10 CONTINUE

      STOP
      END
```

N=5000 PI=3.1415926535888414

〔7〕 ● $\pi=\frac{8}{5}\left\{1+\frac{2}{3}\cdot\frac{1}{5}+\frac{2\cdot4}{3\cdot5}\cdot\left(\frac{1}{5}\right)^2\right.$

$$+\frac{2\cdot4\cdot6}{3\cdot5\cdot7}\cdot\left(\frac{1}{5}\right)^3+\cdots\cdots\Big\}+\frac{6}{5}\Big\{1+\frac{2}{3}\cdot\frac{1}{10}$$

$$+\frac{2\cdot4}{3\cdot5}\cdot\left(\frac{1}{10}\right)^2+\frac{2\cdot4\cdot6}{3\cdot5\cdot7}\cdot\left(\frac{1}{10}\right)^3+\cdots\cdots\Big\}$$

```
REAL*8 PI,PA,PB,CA,CB,XA,XB

CA=8.0D0/5
CB=6.0D0/5
PA=0.0D0
PB=0.0D0
XA=1.0D0
XB=1.0D0

  DO 10 N=1,23

    PA=PA+XA
    PB=PB+XB
    PI=CA*PA+CB*PB
    WRITE(*,600) 'N =',N,'  PI =',PI
600 FORMAT(' ',A,I3,A,G23.17)
    XA=XA/DBLE(5)*DBLE(2*N)/DBLE(2*N+1)
    XB=XB/DBLE(10)*DBLE(2*N)/DBLE(2*N+1)

10 CONTINUE

  STOP
  END
```

N= 23　PI= 3.1415926535897869

이것은 매우 빨리 수렴한다.

〔8〕 ● $\pi=\frac{16}{5}\left(1-\frac{4}{3\cdot100}+\frac{4^2}{5\cdot100^2}-\frac{4^3}{7\cdot100^3}+-\cdots\cdots\right)$

$$-\frac{4}{239}\left(1-\frac{1}{3\cdot57121}+\frac{1}{5\cdot57121^2}-\frac{1}{7\cdot57121^3}+-\cdots\cdots\right)$$

```
REAL*8 PI,PA,PB,CA,CB,XA,XB

CA=16.0D0/5
CB=4.0D0/239
PA=0.0D0
PB=0.0D0
XA=1.0D0
XB=1.0D0

DO 10 N=1,15

  IF (MOD(N,2).EQ.1) THEN
    PA=PA+XA/DBLE(N*2-1)
```

```
         PB=PB+XB/DBLE(N*2-1)
        ELSE
         PA=PA-XA/DBLE(N*2-1)
         PB=PB-XB/DBLE(N*2-1)
        ENDIF

        PI=CA*PA-CB*PB
        WRITE(*,600) 'N =',N,'  PI =',PI
 600    FORMAT(' ',A,I3,A,G23.17)

        XA=XA/DBLE(25)
        XB=XB/DBLE(57121)

   10 CONTINUE

      STOP
      END
```

N=15　PI=3.1415926535897927

이것도 매우 빨리 수렴한다.

〔9〕 ●
$$\frac{1}{\pi}=\frac{113}{355}=\frac{8^2+7^2}{15^2+9^2+7^2}=\frac{226}{710}$$
$$=\left(2+\frac{1}{4}+\frac{1}{100}\right)\times\left(\frac{1}{7}-\frac{1}{10\times 7^2}+\frac{1}{10^2\times 7^3}-\frac{1}{10^3\times 7^4}+\frac{1}{10^4\times 7^5}\right)$$

```
      WRITE(*,*) ' 355'
      WRITE(*,*) '------ = ',355.0D0/113.0D0
      WRITE(*,*) ' 113'

      WRITE(*,*)
      WRITE(*,*) '   2    2    2'
      WRITE(*,*) ' 15  + 9  + 7'
      WRITE(*,*) '------------------ = ',
     -  DBLE(15**2+9**2+7**2)/(8**2+7**2)
      WRITE(*,*) '       2   2'
      WRITE(*,*) '      8 + 7'
      WRITE(*,*)
      WRITE(*,*) '                                         1'
      WRITE(*,*)
     - '--------------------------------------------------------------',
     - '----------'
      WRITE(*,*)
     - '      1       1       1        1          1            1',
     - '            1'
      WRITE(*,*)
     - ' (2 + --- + -----)*(--- - ------- + --------- - ---------'
     -                ,' + ---------)'
```

```
WRITE(*,*)
- '       4      100      7          2         2   3         3   4 '
-                  ,'      4      5'
WRITE(*,*)
- '                              10*7        10  *7        10  *7       '
-                  ,'  10   *7'
WRITE(*,*)
- ' = ',1 / ((2 + 1/4.0D0 + 1/100.0D0)*
- (1/7D0 - 1/(10D0*7D0**2) + 1/(10D0**2*7D0**3)
-   -1/(10D0**3*7D0**4) + 1/(10D0**4*7D0**5)))

STOP
END
```

$$\frac{355}{113} = 3.1415929203539823$$

$$\frac{15^2 + 9^2 + 7^2}{8^2 + 7^2} = 3.1415929203539823$$

$$\left(2+\frac{1}{4}+\frac{1}{100}\right)\left(\frac{1}{7}-\frac{1}{10\cdot 7^2}+\frac{1}{10^2\cdot 7^3}-\frac{1}{10^3\cdot 7^4}+\frac{1}{10^4\cdot 7^5}\right)$$
$$= 3.1415929184847666$$

〔10〕 ●
$$\frac{\pi}{4} = \frac{6}{10}\left\{1 + \frac{2}{3}\cdot\frac{1}{10} + \frac{2\cdot 4}{3\cdot 5}\left(\frac{1}{10}\right)^2 + \frac{2\cdot 4\cdot 6}{3\cdot 5\cdot 7}\left(\frac{1}{10}\right)^3 + \cdots\cdots\right\} + \frac{7}{50}\left\{1 + \frac{2}{3}\cdot\frac{2}{100} + \frac{2\cdot 4}{3\cdot 5}\left(\frac{2}{100}\right)^2 + \frac{2\cdot 4\cdot 6}{3\cdot 5\cdot 7}\left(\frac{2}{100}\right)^3 + \cdots\cdots\right\}$$

```
      REAL*8 PA,PB,A,B

      PA=1.0D0
      PB=1.0D0
      A=1.0D0
      B=1.0D0

      DO 10 N=2,20

      A=A*DBLE(N*2-2)/DBLE(N*2-1)/10
      B=B*DBLE(N*2-2)/DBLE(N*2-1)/50
      PA=PA+A
      PB=PB+B

      IF (MOD(N,2).EQ.0) THEN
        WRITE(*,600) 'N =',N,'  PI =',PA*12/5+PB*14/25
600     FORMAT(' ',A,I7,A,G23.17)
      ENDIF
```

```
10 CONTINUE

   STOP
   END
```

N=20 PI=3.1415926535897882

〔11〕 ● $$\frac{\pi}{4}=\frac{7}{10}\left\{1+\frac{2}{3}\cdot\frac{2}{100}+\frac{2\cdot4}{3\cdot5}\left(\frac{2}{100}\right)^2+\cdots\cdots\right\}$$
$$+\frac{7584}{100000}\left\{1+\frac{2}{3}\cdot\frac{144}{100000}+\frac{2\cdot4}{3\cdot5}\left(\frac{144}{100000}\right)^2+\cdots\cdots\right\}$$

```
   REAL*8 PA,PB,A,B

   PA=1.0D0
   PB=1.0D0
   A=1.0D0
   B=1.0D0

   DO 10 N=2,20

   A=A*DBLE(N*2-2)/DBLE(N*2-1)/50
   B=B*DBLE(N*2-2)/DBLE(N*2-1)*0.00144D0
   PA=PA+A
   PB=PB+B

   IF (MOD(N,2).EQ.0) THEN
     WRITE(*,600) 'N =',N,'  PI =',PA*14/5
     +PB*7584/25000
600   FORMAT(' ',A,I7,A,G23.17)
    ENDIF

 10 CONTINUE

   STOP
   END
```

N=20 PI=3.1415926535897896

〔12〕 ● $$\frac{\pi}{4}=\frac{4}{5}\left(1+\frac{4}{3\cdot10}+\frac{8\alpha}{5\cdot10}+\frac{12\beta}{7\cdot10}+\cdots\cdots\right)$$
$$-\frac{7}{50}\left(1+\frac{4}{3\cdot100}+\frac{8\alpha}{5\cdot100}+\frac{12\beta}{7\cdot100}+\cdots\cdots\right)$$

(다만 α, β는 각각 앞장서는 항)

```
   REAL*8 PA,PB,A,B

   PA=1.0D0
```

```
      PB=1.0D0
      A=1.0D0
      B=1.0D0

      DO 10 N=2,30

      A=A*DBLE(N*4-4)/DBLE(N*2-1)/10
      B=B*DBLE(N*4-4)/DBLE(N*2-1)/100
      PA=PA+A
      PB=PB+B

      IF (MOD(N,5).EQ.0) THEN
        WRITE(*,600) 'N =',N,'  PI =',PA*16/5
        -PB*14/25
600     FORMAT(' ',A,I7,A,G23.17)
       ENDIF

   10 CONTINUE

      STOP
      END
```

N=30　PI=3.1415926535897860

〔13〕 ● $\dfrac{\pi}{256}=\dfrac{1^2}{1\cdot3\cdot5\cdot7}+\dfrac{2^2}{5\cdot7\cdot9\cdot11}+\dfrac{3^2}{9\cdot11\cdot13\cdot15}+\cdots\cdots$

```
      REAL*8 PI

      PI=0.0D0

      DO 10 N=1,100000

      M=N*4-3
      PI=PI+N*N/DBLE(M)/DBLE(M+2)/DBLE(M+4)/DBLE(M+6)

      IF (MOD(N,10000).EQ.0) THEN
        WRITE(*,600) 'N =',N,'  PI =',256*PI
600     FORMAT(' ',A,I7,A,G23.17)
       ENDIF

   10 CONTINUE

      STOP
      END
```

N=100000　PI=3.1415683617041197

〔14〕 ● $\dfrac{\pi^2}{16}-\dfrac{3}{8}=\dfrac{2}{1^2\cdot3^2}+\dfrac{3}{3^2\cdot5^2}+\dfrac{4}{5^2\cdot7^2}+\cdots\cdots$

```
      REAL*8 PI,C

      PI=0.0D0
      C=3/8.0D0

      DO 10 N=1,180000

      PI=PI+(N+1)/DBLE(N*2-1)/DBLE(N*2-1)/DBLE(N*2+1)
     /DBLE(N*2+1)

      IF (MOD(N,10000).EQ.0) THEN
        WRITE(*,600) 'N =',N,'  PI =',DSQRT((PI+C)*16)
600     FORMAT(' ',A,I7,A,G23.17)
      ENDIF

   10 CONTINUE

      STOP
      END
```

N=180000 PI=3.1415926535841128

〔15〕 ● $\frac{\pi}{48}-\frac{1}{18}=\frac{1}{1\cdot3\cdot5\cdot7}+\frac{1}{5\cdot7\cdot9\cdot11}+\frac{1}{9\cdot11\cdot13\cdot15}+\cdots\cdots$

```
      REAL*8 PI,C

      PI=0.0D0
      C=1/18.0D0

      DO 10 N=1,10000

      M=N*4-3
      PI=PI+1/DBLE(M)/DBLE(M+2)/DBLE(M+4)/DBLE(M+6)

      IF (MOD(N,1000).EQ.0) THEN
        WRITE(*,600) 'N'=',N,'  PI =',(PI+C)*48
600     FORMAT(' ',A,I7,A,G23.17)
      ENDIF

   10 CONTINUE

      STOP
      END
```

N=10000 PI=3.1415926535895151

〔16〕 ● $\frac{1}{18}-\frac{\pi}{\sqrt{2}\times48}=\frac{1}{1\cdot3\cdot5\cdot7}-\frac{1}{5\cdot7\cdot9\cdot11}$

$$+\frac{1}{9\cdot 11\cdot 13\cdot 15}-+\cdots\cdots$$

```
      REAL*8 PI,C

      PI=0.0D0
      C=1/18.0D0

      DO 10 N=1,10000

      M=N*4-3
      IF (MOD(N,2).EQ.0) THEN
        PI=PI-1/DBLE(M)/DBLE(M+2)/DBLE(M+4)/DBLE(M+6)
       ELSE
        PI=PI+1/DBLE(M)/DBLE(M+2)/DBLE(M+4)/DBLE(M+6)
       ENDIF

      IF (MOD(N,1000).EQ.0) THEN
        WRITE(*,600) 'N =',N,'  PI =',(C-PI)*48
        *DSQRT(2.0D0)
600     FORMAT(' ',A,I7,A,G23.17)
       ENDIF

   10 CONTINUE

      STOP
      END
```

π의 복분수(複分數)와 단분수(單分數)를 적으면 다음과 같이

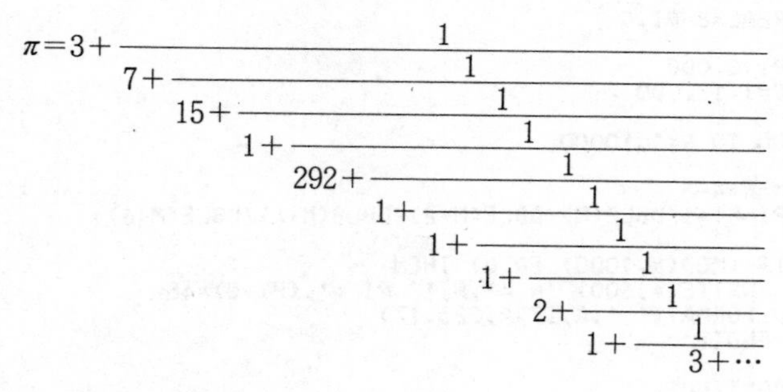

된다.

$$\pi=3+\frac{1}{7}+\frac{1}{15}+\frac{1}{1}+\frac{1}{292}+\frac{1}{1}+\frac{1}{1}+\frac{1}{1}+\frac{1}{2}+\frac{1}{1}$$

$$+\frac{1}{3}+\frac{1}{1}+\frac{1}{14}+\frac{1}{2}$$

$$+\frac{1}{1}+\frac{1}{1}+\frac{1}{2}+\frac{1}{2}+\frac{1}{2}+\frac{1}{2}+\frac{1}{1}+\frac{1}{84}+\frac{1}{2}+\frac{1}{1}+\frac{1}{1}$$

$$+\frac{1}{15}+\frac{1}{3}+\frac{1}{13}+\frac{1}{1}+\cdots\cdots$$

다음의 프로그램은 단분수 전개식의 정수와 분모의 값을 바탕으로 하여 π의 값을 계산하는 것이다.

```
10 ' PC-9801 N88-BASIC(86)
20 ' REN-BUNSUU TENKAI
30 DIM A%(20)
40 FOR I=1 TO 20
50   READ A%(I)
60 NEXT I
70 DATA 3,7,15,1,292,1,1,1,2,1,3,1,14,2,1,1,2,2,2,2
80 '
90 PI#=1#
100 FOR I=20 TO 1 STEP -1
110   PI#=A%(I)+1/PI#
120 NEXT I
130 '
140 PRINT "PI=";PI#
150 END
```

PI=3.141592653589793

1991년 가을의 일인데 도쿄대학의 가네다 야스마사(金田康正) 교수가 π의 자릿수를 20억 자리까지 늘인 것이 아사히 신문에 보도되었다. 이 자릿수는 더 늘어날 것으로 예상된다.

그 이유는 컴퓨터의 성능을 조사하는 데에는 π가 가장 편리하기 때문이다.

들은 바에 따르면 '가네다 그룹이 π의 근사값을 구하는 데에 사용한 것은 가우스-르장드르의 공식에 의한 산술기하평균에 기초를 둔 방법'이고 되풀이할 때마다 옳은 값의 자릿수가 거의 배로 된다는 것이다. 예컨대 19번째에서 약 100만 자리를 올바르게 구할 수 있다고 일컬어지고 있다.

필자에게는 잘 이해가 되지 않으나 타원적분의 계산과 관계가 있는 것 같다. 적분법의 책에 흔히 나오는 「심슨의 공식」과 마찬가지로 곡선을 꺾은 선(折線)으로 근사(近似)시켜 곡선으로 둘러싸인 부분의 넓이를 구하는 방법으로 분할을 미세하게 하면 꺾은 선은 얼마든지 곡선에 근사시킬 수가 있다.

따라서 정(定)적분을 직접 계산할 수 없을 때 근사계산에 의해서 넓이를 구한다.

또한 나라여자대학의 니시오카 히로아키 선생의 편지에 따르면 일본 국내에서는 프로그램(소프트웨어)은 특허법이 아니고 저작권법으로 보호되어 있고 그러한 의미에서는 책이나 음반(音盤)과 같다고 생각할 수 있다.

그런데 수학의 계산에 관한 정리나 계산순서(알고리듬) 그 자체는 법의 보호대상으로는 되어 있지 않다.

미국에서는 일본과는 달리 근년에는 알고리듬도 특허 대상이 되는 사례가 있고 인도계의 수학자가 고안한 '선형계획법의 알고리듬'이 현재로서는 그 유일한 사례라고 생각된다(상세한 것은 1988~90년 아사히신문의 과학란을 참조할 것).

그런데 가우스·르장드르법의 원리나 고정밀도(高精密度)의 계산방법이나 그 프로그램에 대하여는 현재로서는 필자는 모르고 있다.

독자 여러분은 BASIC판(版) 쪽이 이해하기 쉽고 퍼스컴 등에서도 실행시키기 쉽기 때문에 BASIC과 FORTRAN의 프로그램을 적어둔다.

이 프로그램에 한해서는 FORTRAN의 4배의 정밀도 계산을 사용하지 않으면 만족할 수 있는 결과는 얻을 수 없다.

PC9801 N88-BASIC(86)에 의한 프로그램은 다음과 같이 되고 BASIC의 2배 정밀도 변수를 사용해서 계산을 행한다.

FORTRAN에 비해서 계산정밀도가 나쁘기 때문에 8자리까지밖에는 옳은 수치가 나오지 않는다.

```
10 ' PC-9801 N88-BASIC(86)
20 ' Gauss-Legendre method
30 DEFDBL A-Z
40 A=1
50 B=1/SQR(2)
60 C=1/4
70 X=1
80 FOR N%=1 TO 10
90 Y=A
100 A=(A+B)/2
110 B=SQR(B*Y)
120 C=C-X*(A-Y)*(A-Y)
130 X=2*X
140 PRINT "N=";N%,"PI=";(A+B)*(A+B)/4/C
150 NEXT N%
160 END
```

N=10 PI=3.141592629021573

이어서 FORTRAN의 4배 정밀도 변수를 사용하여 계산을 행한다.

N=1에서 3자리, N=2에서 8자리, N=3에서 19자리. N=4 이상은 모두 같아서 33자리까지 옳은 수치가 나와 있다.

```
      REAL*16 A,B,C,X,Y
      A=1
      B=1/QSQRT(2.0Q0)
      C=1.0Q0/4
      X=1

      DO 10 N=1,10
        Y=A
        A=(A+B)/2
        B=QSQRT(B*Y)
        C=C-X*(A-Y)*(A-Y)
        X=X+X
        WRITE(*,600) N,(A+B)*(A+B)/4/C
600     FORMAT(' ','N=',I3,'  PI=',G41.34)
 10   CONTINUE

      STOP
      END
```

N=10　PI=3.141592653589793238462643383279503

자연로그의 밑 e의 전개식은 다음과 같이 된다.

$$e=1+\frac{1}{1!}+\frac{1}{2!}+\frac{1}{3!}+\cdots\cdots+\frac{1}{n!}+\cdots\cdots$$

이 계산을 필산으로 8항까지 행하면 어떻게 될 것인가.
즉

$$e\fallingdotseq 1+1+\frac{1}{2}+\frac{1}{3\cdot 2}+\frac{1}{4\cdot 3\cdot 2}+\frac{1}{5\cdot 4\cdot 3\cdot 2}$$

$$+\frac{1}{6\cdot 5\cdot 4\cdot 3\cdot 2}+\frac{1}{7\cdot 6\cdot 5\cdot 4\cdot 3\cdot 2}$$

으로 되기 때문에 각 항의 분모는 앞의 항의 분모에 1만큼 큰 수를 곱하는 것이 된다. 즉

$$e\fallingdotseq 1+1+\frac{1}{2}+\frac{1}{6}+\frac{1}{24}+\frac{1}{120}+\frac{1}{720}+\frac{1}{5040}+\frac{1}{40320}$$

$$=1+1+0.5+0.1\dot{6}+0.041\dot{6}+0.008\dot{3}+0.0013\dot{8}$$
$$+0.000198412\dot{6}+0.000024801\dot{5}$$
$$\fallingdotseq 2.7182787694$$

위의 전개식은 비교적 빨리 수렴하여 일정한 값 e에 접근하게 된다. 여기서 e의 전개식을 사용한 프로그램을 소개해 둔다.

● $e=1+\frac{1}{1!}+\frac{1}{2!}+\frac{1}{3!}+\cdots\cdots$

```
      CONSTANT E
      REAL*8 E,X
      E=0.0D0
      X=1.0D0
      DO 10 I=1,100
      E=E+X
      X=X/DBLE(I)
   10 CONTINUE
      WRITE(*,*)  'E=',E
      STOP
      END
```

E=2.7182818284590433

7·5 퍼스컴과 포켓컴의 프로그램

최근에는 퍼스컴, 즉 퍼스널 컴퓨터(personal computer)를 싼 값으로 입수할 수 있기 때문에 각 직장이나 학교, 개인의 소유자가 증가하여 편리하게 사용되고 있다.

또한 소형의 포켓컴, 즉 포켓 컴퓨터(pocket computer) 시대로 되어가고 있다. 컴퓨터는 물론 퍼스컴일지라도 간단하게 휴대할 수 없다. 그런데 포켓컴은 손가방이나 종이봉지 속에 넣어 자유로이 휴대할 수 있다. 이것은 굉장한 일이다.

더구나 다른 컴퓨터에도 지지 않는 다기능의 소유자이다. 시험적으로 여러 가지 계산을 소개한다.

이전의 저서 BLUE BACKS 『원주율 π의 불가사의』(한국어판 B125), 『허수 i의 불가사의』, 『로그 e의 불가사의』에 많은 프로그램을 소개하였으니 한번 읽어보기 바란다.

여기서는 이전의 저서에 실려 있는 프로그램은 피하도록 하였다. 그러나 아무리해도 필요하다고 생각되는 것은 조금 남겨둔다.

〔1〕 내접 정다각형에 의한 원주율의 계산

아득히 먼 옛날로 소급해서 원에 내접하는 정다각형의 변(邊)의 수를 증가시켜서 π의 계산을 해보자. 이 방법은 전개공식이나 단분수전개식이 발견되기 이전에 기원전부터 각국에서 계산되고 있던 방법이다. 에도 시대의 일본에서도 이 방법이 있었다고 한다. 그림으로 나타내 둔다.

AB : 반지름 1의 원에 내접하는 정6×2^i각형의 1변의 길이

$=a_i$

AC : 반지름 1의 원에 내접하는

정 $6\times2^{i+1}$각형의 1변의 길이

$=a_{i+1}$

$\mathrm{CH}=1-\mathrm{OH}=1-\sqrt{1-\mathrm{AH}^2}$

$$AC^2 = AH^2 + CH^2 = 2 - 2\sqrt{1 - AH^2}$$

$$\therefore\ {a_{i+1}}^2 = 2 - 2\sqrt{1 - \frac{a_i^2}{4}}$$

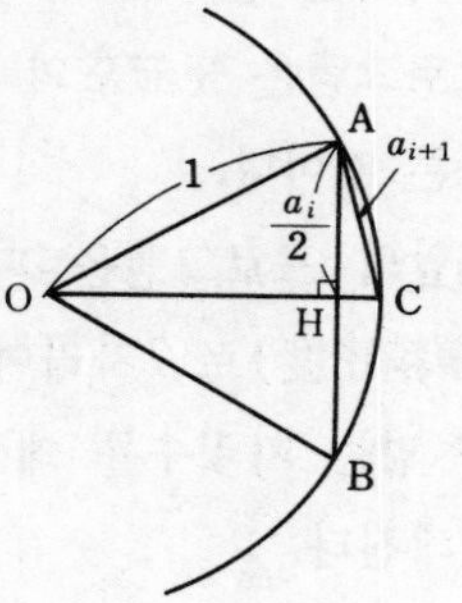

$a_i^2 = b_i$로 두면

$$b_{i+1} = 2 - 2\sqrt{1 - \frac{b_i}{4}} \cdots\cdots\cdots ①$$

$l = 2\pi r$로부터

$$\pi = \frac{l}{2r} \fallingdotseq \frac{a_i \times 6 \times 2^i}{2 \times 1} = a_i \times 6 \times 2^{i-1} \cdots\cdots\cdots ②$$

프로그램 180행이 ①, 190행이 ②에 상당한다.

```
100 '************************************
110 '
120 '       내접 정N각형에 의한 원주율
130 '
140 '************************************
150 '
160 X#=1
170 FOR I=1 TO 13
180    X#=2-2*SQR(1-X#/4)
190    PAI#=SQR(X#)*6*(2^(I-1))
200    IF I>10 THEN GOSUB *P
210 NEXT I
220 END
230 '
240 *P
250  PRINT "I=";I;" N=";6*(2^I);
260  PRINT " PAI=";PAI#
270 RETURN
```

```
I= 11  N= 12288  PAI= 3.1415926193078
I= 12  N= 24576  PAI= 3.141592644654205
I= 13  N= 49152  PAI= 3.141592650657301
```

이것은 본인의 BLUE BACKS 『원주율 π의 불가사의』의 102

페이지를 참고로 하여 퍼스컴으로 실험한 것이고 또 이 그림과 프로그램은 도쿄도의 나카무라 다쿠조(中村卓藏) 선생의 협력에 따른 것이다.

앞의 프로그램은 퍼스컴용의 것인데 보통 퍼스컴은 단정밀도(單精密度)로 7자리이다. 또 배(倍)정밀도로는 16자리이고 아것을 넘는 자릿수를 계산할 때에는 문자열(文字列)로 고침으로써 행해진다.

〔2〕 2중 근호를 벗기는 시도

$\sqrt{A \pm \sqrt{B}} = \sqrt{X} \pm \sqrt{Y}\ (X \geqq Y)$에서

$X+Y=A,\ XY=\frac{B}{4}$로 되는 $X,\ Y$를 찾는다.

예는 $\sqrt{5 \pm \sqrt{24}} = \sqrt{3} \pm \sqrt{2}$

```
A= 5 ,B= 24
X= 3 ,Y= 2

10:CLEAR
20:INPUT "A=";A
30:INPUT "B=";B
40:LPRINT "A=";A;",B=";B
50:C=B/4
60:FOR I=1 TO C
70:D=I+C/I
80:IF A=D THEN 100
90:NEXT I
100:LPRINT "X=";C/I;",Y=
     ";I
110:END
```

〔3〕 인수분해

(1) x^2+ax+b

더해서 a, 곱해서 b가 되는 2수를 구한다.

예는 $x^2+x-6=(x-2)(x+3)$과

$x^2-2x=(x-2)x$이다.

```
( 1   1  -6 )
( 1  -2 )( 1   3 )

( 1  -2   0 )
( 1  -2 )( 1   0 )

10:CLEAR
20:INPUT "a=";A
30:INPUT "b=";B
40:LPRINT "( 1  ";A;" ";
   B;")"
50:IF B=0 LET E=A:GOTO 1
   20
60:N=ABS (B)
70:FOR I=1 TO N
80:D=I+B/I
90:IF A=D LET E=I:GOTO 1
   20
100:IF A=-D LET E=-I:GOT
    O 120
110:NEXT I
120:LPRINT "( 1  ";E;")(
    1  ";B/E;")"
130:END
```

(2) ax^2+bx+c

인수정리에 의한다.

$p(x)=ax^2+bx+c$에 대하여 $p(x)0$가 되는 x를 찾아낸다.

예는 $12x^2-2x-4=2(2x+1)(3x-2)$와 $3x^2+6x=3x(x+2)$

```
( 12  -2  -4 )
 2 ( 6  -1  -2 )
 2 ( 2   1 )( 3  -2 )

( 3   6   0 )
 3 ( 1   2   0 )
 3 ( 1   0 )( 1   2 )
```

```
10:CLEAR
20:INPUT "a=";A
30:INPUT "b=";B
40:INPUT "c=";C
50:LPRINT "(";A;" ";B;"
   ";C;")"
60:FOR I=A TO 1 STEP -1
70:IF A<>(INT (A/I))*I T
   HEN 110
80:IF B<>(INT (B/I))*I T
   HEN 110
90:IF C<>(INT (C/I))*I T
   HEN 110
100:GOTO 120
110:NEXT I
120:R=I
130:A=A/R
140:B=B/R
150:C=C/R
160:LPRINT R;"(";A;" ";B
    ;" ";C;")"
170:IF C=0 THEN LPRINT R
    ;"( 1   0 )(";A;" ";
    B;")":END
180:FOR Q=1 TO A
190:IF A-(INT (A/Q))*Q<>
    0 THEN 290
200:IF C<0 LET N=(-1)*C:
    GOTO 220
210:N=C
220:FOR P=1 TO N
230:IF C-(INT (C/P))*P<>
    0 THEN 280
```

```
240:S=A*P*P+B*P*Q+C*Q*Q
250:IF S=0 THEN 310
260:S=A*P*P-B*P*Q+C*Q*Q
270:IF S=0 THEN P=(-1)*P
    :GOTO 310
280:NEXT P
290:NEXT Q
300:LPRINT R;"(";A;" ";B
    ;" ";C;")":END
310:A=A/Q
320:E=B+A*P
330:B=E/Q
340:LPRINT R;"(";Q;" ";(
    -1)*P;")(";A;" ";B;"
    )":END
```

〔4〕 2차방정식

$ax^2+bx+c=0$의 풀이는 $x=\dfrac{-b\pm\sqrt{b^2-4ac}}{2a}$

$x^2+x-6=0$, $2x^2+x-1=0$, $x^2-6x+9=0$,

$x^2-2x+5=0$, $4x^2-16x+17=0$가 예이다.

허수해는, $x1=1+2i$, $x2=1-2i$라 표시한다.

```
a= 1 ,b= 1 ,c=-6
X1= 2
X2=-3
a= 2 ,b= 1 ,c=-1
X1= 0.5
X2=-1

a= 1 ,b=-6 ,c= 9
X= 3 (multiple root)

a= 1 ,b=-2 ,c= 5
X1= 1 + 2 i
```

```
X2= 1 - 2 i

a= 4 ,b=-16 ,c= 17
X1= 2 + 0.5 i
X2= 2 - 0.5 i

10:CLEAR
20:INPUT "a=";A
30:INPUT "b=";B
40:INPUT "c=";C
45:LPRINT "a=";A;",b=";B
   ;",c=";C
50:D=B*B-4*A*C
60:IF D=0 THEN 130
70:IF D<0 THEN 160
80:X1=(-B+SQR D)/(2*A)
90:X2=(-B-SQR D)/(2*A)
100:LPRINT "X1=";X1
110:LPRINT "X2=";X2
120:END
130:X=-B/(2*A)
140:LPRINT "X=";X;"(mult
    iple root)"
150:END
160:X=-B/(2*A)
170:Y=(SQR (-D))/(2*A)
180:LPRINT "X1=";X;"+";Y
    ;"i"
190:LPRINT "X2=";X;"-";Y
    ;"i"
200:END
```

〔5〕 연립방정식

$\begin{cases} ax+by=p \\ cx+dy=q \end{cases}$ 를 푼다. $\Delta=\begin{vmatrix} a & b \\ c & d \end{vmatrix}=ad-bc$에 대하여

$$x=\frac{1}{\Delta}\begin{vmatrix} p & b \\ q & d \end{vmatrix}, \qquad y=\frac{1}{\Delta}\begin{vmatrix} a & p \\ c & q \end{vmatrix}$$

예는, $\begin{cases} 3x+2y=7 \\ 2x-3y=9 \end{cases}$

```
( 3 )X+( 2 )Y= 7
( 2 )X+(-3 )Y= 9
X= 3 ,Y=-1
```

```
10:CLEAR
20:INPUT "a=";A
30:INPUT "b=";B
40:INPUT "p=";P
50:INPUT "c=";C
60:INPUT "d=";D
70:INPUT "q=";Q
80:LPRINT "(";A;")X+(";B
   ;")Y=";P
90:LPRINT "(";C;")X+(";D
   ;")Y=";Q
100:L=A*D-B*C
110:M=D*P-B*Q
120:N=A*Q-C*P
130:X=M/L
140:Y=N/L
150:LPRINT "X=";X;",Y=";
    Y
160:END
```

〔6〕 수열

(1)등차수열

조항 a, 공차 d의 제 n항 a_n을 구한다.

예는 $a=2$, $d=3$, a_{10}

```
a= 2 ,d= 3
A( 10 )= 29
```

```
10:CLEAR
20:INPUT "a=";A
30:INPUT "d=";D
35:LPRINT "a=";A;",d=";D
40:INPUT "n=";N
50:B=A+(N-1)*D
60:LPRINT "A(";N;")=";B
70:END
```

제 m항 a_m, 제n항 a_n에서 초항 a, 공차 d, 제k항 a_k를 구한다.

예는 $a_{10}=23$, $a_{21}=45$에서 a_{16}

```
A( 10 )= 23
A( 21 )= 45

a= 5 ,d= 2
A( 16 )= 35
```

```
10:CLEAR
20:INPUT "m=";M
30:PRINT "A(";M;")=";
40:INPUT B
50:INPUT "n=";N
60:PRINT "A(";N;")=";
70:INPUT C
80:LPRINT "A(";M;")=";B
90:LPRINT "A(";N;")=";C
100:E=N-M
110:IF E=0 THEN 50
120:A=B*(N-1)-C*(M-1)
130:D=C-B
140:A=A/E
150:D=D/E
160:INPUT "k=";K
170:LPRINT ""
180:F=A+(K-1)*D
190:LPRINT "a=";A;",d=";
    D
200:LPRINT "A(";K;")=";F
```

```
210:END
```

초항 a, 공차 d에서 제 n항까지의 합 S_n을 구한다.

예는 $a=4$, $d=9$, S_{10}

```
a= 4 ,d= 9
S( 10 )= 445

10:CLEAR
20:INPUT "a=";A
30:INPUT "d=";D
40:LPRINT "a=";A;",d=";D
50:INPUT "n=";N
60:FOR I=1 TO N
70:B=A+(I-1)*D
80:S=S+B
90:NEXT I
100:LPRINT "S(";N;")=";S
110:END
```

(2) 등비수열

초항 a, 공비 r의 제 n항 a_n을 구한다.

예는 $a=3$, $r=2$, a_{10}

```
a= 3 ,r= 2
A( 10 )= 1536

10:CLEAR
20:INPUT "a=";A
30:INPUT "r=';R
40:INPUT "n=";N
50:LPRINT "a=";A;",r=";R
60:B=A*(R^(N-1))
70:LPRINT "A(";N;")=";B
80:END
```

초항 a, 공비 r의 제 n항까지의 합 S_n을 구한다.

예는 $a=3$, $r=2$, S_6

```
a= 3 ,r= 2
S( 6 )= 189

10:CLEAR
20:INPUT "a=";A
30:INPUT "r=";R
40:LPRINT "a=";A;",r=";R
50:INPUT "n=";N
60:S=A
70:IF N=1 THEN 130
80:B=A
90:FOR I=1 TO N-1
100:B=B*R
110:S=S+B
120:NEXT I
130:LPRINT "S(";N;")=";S
140:END
```

제 m항 a_m, 제 n항 a_n에서 제 k항 a_k를 구한다.

예는 $a_3=12$, $a_5=48$, a_8

```
A( 3 )= 12
A( 5 )= 48
A( 8 )= 384 (r= 2 )
A( 8 )=-384 (r=-2 )

10:CLEAR
20:INPUT "m=";M
30:PRINT "A(";M;")=";
40:INPUT B
50:INPUT "n=";N
60:IF M=N THEN 50
70:PRINT "A(";N;")=";
80:INPUT C
```

```
90:LPRINT "A(";M;")=";B
100:LPRINT "A(";N;")=";C
110:IF N-M>0 THEN 150
120:L=M:E=B
130:M=N:B=C
140:N=L:C=E
150:INPUT "k=";K
160:Q=C/B
170:R=(Q)ROT (N-M)
180:A=B/(R^(M-1))
190:D=A*(R^(K-1))
200:LPRINT "A(";K;")=";D
    ;"(r=";R;")"
210:F=(N-M)/2
220:IF F-INT (F)=0 THEN
    240
230:END
240:R=-(Q)ROT (N-M)
250:A=B/(R^(M-1))
260:D=A*(R^(K-1))
270:LPRINT "A(";K;")=";D
    ;"(r=";R;")"
280:END
```

초항 a, 공비 r일 때 제 n항까지의 합 S_n을 구한다.

예는 $a=2$, $r=-3$, S_6

```
a= 2 ,r=-3
S( 6 )=-364

a= 3 ,r= 1
S( 6 )= 18

10:CLEAR
20:INPUT "a=";A
30:INPUT "r=";R
40:LPRINT "a=";A;",r=";R
50:INPUT "n=";N
60:IF R=1 THEN 90
```

```
70:S=A*((R^N)-1)/(R-1)
80:LPRINT "S(";N;")=";S:
   END
90:S=N*A
100:GOTO 80
```

〔7〕 함수

(1) 1차 함수

1차함수의 값영역을 구한다. 정의역(定義域) D : $a \leqq x \leqq b$

예는 $y=2x-1$, D : $-1 \leqq x \leqq 1$

```
y=( 2 )x+(-1 )
D[-1 , 1 ]
R[-3 , 1 ]

10:CLEAR
20:PRINT "y=mx+n,[a,b]"
30:INPUT "m=";M
40:INPUT "n=";N
50:PRINT "y=mx+n,[a,b]"
60:INPUT "a=";A
70:INPUT "b=";B
80:LPRINT "y=(";M;")x+("
   ;N;")"
90:LPRINT "D[";A;",";B;"
   ]"
100:IF M=0 THEN 180
110:Y1=M*A+N
120:Y2=M*B+N
130:IF M<0 THEN 160
140:LPRINT "R[";Y1;",";Y
    2;"]"
150:END
160:LPRINT "R[";Y2;",";Y
    1;"]"
170:END
180:LPRINT "R[";N;",";N;
```

```
    "]"
190:END
```

(2) 2차함수의 값영역을 구한다. 정의역 D : $p \leqq x \leqq q$

예는 $y=2x^2-4x+5$, D : $-1 \leqq x \leqq 0$

```
y=( 2 )x^2+(-4 )x+( 5 )
D[-1 , 0 ]
R[ 5 , 11 ]

10:CLEAR
20:PRINT "y=ax^2+bx+c,[p
   ,q]"
30:INPUT "a=";A
40:IF A=0 THEN 20
50:INPUT "b=";B
60:INPUT "c=";C
70:PRINT "[p,q]"
80:INPUT "p=";P
90:INPUT "q=";Q
100:LPRINT "y=(";A;")x^2
    +(";B;")x+(";C;")"
110:LPRINT "D[";P;",";Q;
    "]"
120:M=(-B)/(2*A)
130:IF M>=Q THEN 300
140:IF M>=P THEN 220
150:Y1=A*P*P+B*P+C
160:Y2=A*Q*Q+B*Q+C
170:IF A<0 THEN 200
180:LPRINT "R[";Y1;",";Y
    2;"]"
190:END
200:LPRINT "R[";Y2;",";Y
    1;"]"
210:END
220:M1=ABS (P-M)
230:M2=ABS (Q-M)
240:IF M1>=M2 THEN 270
```

```
250:P=M
260:GOTO 150
270:Q=P
280:P=M
290:GOTO 150
300:R=P
310:P=Q
320:Q=R
330:GOTO 150
```

〔8〕 행렬

$A=\begin{pmatrix} a & b \\ c & d \end{pmatrix}$ 의 역행렬을 구한다.

예는 $A=\begin{pmatrix} 2 & 3 \\ 1 & 5 \end{pmatrix}$

```
a= 2
b= 3
c= 1
d= 5

|A|= 7
A(1,1)= 5
A(1,2)=-3
A(2,1)=-1
A(2,2)= 2
```

```
10:CLEAR
20:INPUT "a=";A
30:INPUT "b=";B
40:INPUT "c=";C
50:INPUT "d=";D
60:LPRINT "a=";A
70:LPRINT "b=";B
80:LPRINT "c=";C
90:LPRINT "d=";D
```

```
100:E=A*D-B*C
110:IF E=0 THEN LPRINT "
    |A|=0 impossible":EN
    D
120:LPRINT ""
130:LPRINT "|A|=";E
140:LPRINT "A(1,1)=";D
150:LPRINT "A(1,2)=";-B
160:LPRINT "A(2,1)=";-C
170:LPRINT "A(2,2)=";A
180:END
```

〔9〕 미분계수

$f(x)=ax^2+bx+c$에 있어서 $x=x_0$에 있어서의 미분계수를 구한다.

예는 $f(x)=2x^2+3$, $x_0=2$, -1

```
(a,b,c)=( 2 , 0 , 3 )
f'( 2 )= 8

(a,b,c)=( 2 , 0 , 3 )
f'(-1 )=-4

10:CLEAR
20:INPUT "a=";A
30:INPUT "b=";B
40:INPUT "c=";C
50:LPRINT "(a,b,c)=(";A;
   ",";B;",";C;")"
60:INPUT "x=";X
70:Y=2*A*X+B
80:LPRINT "f'(";X;")=";Y
90:END
```

[10] 도형

(1) 삼각형

넓이를 구한다. 다음의 공식을 사용한다.

● 꼭지점 $A(x_1, y_1)$, $B(x_2, y_2)$, $C(x_3, y_3)$일 때

$$\triangle ABC = \frac{1}{2} \left| (x_2 - x_1)(y_3 - y_1) - (x_3 - x_1)(y_2 - y_1) \right|$$

예는 A(5, −1), B(1, 7), C(−3, 5)

```
A( 5 ,-1 ),B( 1 , 7 )
C(-3 , 5 )
S= 20

10:CLEAR
20:INPUT "X1=";X1
30:INPUT "Y1=";Y1
40:INPUT "X2=";X2
50:INPUT "Y2=";Y2
60:INPUT "X3=";X3
70:INPUT "Y3=";Y3
80:LPRINT "A(";X1;",";Y1
   ;"),B(";X2;",";Y2;")"
90:LPRINT "C(";X3;",";Y3
   ;")"
100:D=(X2-X1)*(Y3-Y1)-(X
    3-X1)*(Y2-Y1)
110:E=ABS (D)
120:S=0.5*E
130:LPRINT "S=";S
140:END
```

● 헤론의 공식

$$S = \sqrt{s(s-a)(s-b)(s-c)}$$

다만 $2s = a + b + c$

예는 $a = 13$, $b = 14$, $c = 15$

```
a= 13
b= 14
c= 15
S= 84

10:CLEAR
20:INPUT "a=";A
30:INPUT "b=";B
40:INPUT "c=";C
50:LPRINT "a=";A
60:LPRINT "b=";B
70:LPRINT "c=";C
80:S=(A+B+C)/2
90:T=S*(S-A)*(S-B)*(S-C)
100:R=SQR T
110:LPRINT "S=";R
120:END
```

(2) 원

3점을 지나는 원의 중심과 반지름을 구한다.

예는 (1, 2), (5, −2), (−3, −2)

```
( 1 ,.2 )
( 5 ,-2 )
(-3 ,-2 )
A=-2
B= 4
C=-11
CENTER( 1 ,-2 )
radius= 4

10:CLEAR
20:INPUT "X1=";X1
30:INPUT "Y1=";Y1
40:INPUT "X2=";X2
50:INPUT "Y2=";Y2
60:INPUT "X3=";X3
70:INPUT "Y3=";Y3
```

```
80:LPRINT "(";X1;",";Y1;
   ")"
90:LPRINT "(";X2;",";Y2;
   ")"
100:LPRINT "(";X3;",";Y3
   ;")"
110:E=X1*Y2+X2*Y3+X3*Y1-
   X1*Y3-X2*Y1-X3*Y2
120:IF E=0 THEN LPRINT "
   E=0":GOTO 20
130:D1=-(X1*X1+Y1*Y1)
140:D2=-(X2*X2+Y2*Y2)
150:D3=-(X3*X3+Y3*Y3)
160:A=D1*Y2+D2*Y3+D3*Y1-
   D1*Y3-D2*Y1-D3*Y2
170:B=X1*D2+X2*D3+X3*D1-
   X1*D3-X2*D1-X3*D2
180:C=X1*Y2*D3+X2*Y3*D1+
   X3*Y1*D2-X1*Y3*D2-X2
   *Y1*D3-X3*Y2*D1
190:A=A/E
200:B=B/E
210:C=C/E
220:LPRINT "A=";A
230:LPRINT "B=";B
240:LPRINT "C=";C
250:LPRINT "CENTER(";-A/
   2;",";-B/2;")"
260:R=(X1+A/2)*(X1+A/2)+
   (Y1+B/2)*(Y1+B/2)
270:R=SQR R
280:LPRINT "radius=";R
290:END
```

(3) 포물선

3점을 지나는 포물선의 식과 꼭지점의 좌표를 구한다.

예는 (1, 3), (2, 13), (3, 27)

```
( 1 , 3 )
( 2 , 13 )
( 3 , 27 )
Y=( 2 )X^2+( 4 )X+(-3 )
VERTEX(-1 ,-5 )

10:CLEAR
20:INPUT "X1=";X1
30:INPUT "Y1=";Y1
40:INPUT "X2=";X2
50:INPUT "Y2=";Y2
60:INPUT "X3=";X3
70:INPUT "Y3=";Y3
80:LPRINT "(";X1;",";Y1;
   ")"
90:LPRINT "(";X2;",";Y2;
   ")"
100:LPRINT "(";X3;",";Y3
   ;")"
110:E=X1*X1*X2+X2*X2*X3+
   X3*X3*X1-X1*X1*X3-X2
   *X2*X1-X3*X3*X2
120:IF E=0 THEN LPRINT "
   E=0":GOTO 20
130:A1=Y1*X2+Y2*X3+Y3*X1
   -Y1*X3-Y2*X1-Y3*X2
140:B1=X1*X1*Y2+X2*X2*Y3
   +X3*X3*Y1-X1*X1*Y3-X
   2*X2*Y1-X3*X3*Y2
150:C1=X1*X1*X2*Y3+X2*X2
   *X3*Y1+X3*X3*X1*Y2-X
   1*X1*X3*Y2-X2*X2*X1*
   Y3-X3*X3*X2*Y1
160:A=A1/E
170:B=B1/E
180:C=C1/E
190:LPRINT "Y=(";A;")X^2
   +(";B;")X+(";C;")"
200:LPRINT "VERTEX(";-B/
   (2*A);",";-B*B/(4*A)
   +C;")"
210:END
```

$y=ax^2+bx+c$의 그래프의 꼭지점을 구한다.

예는 $y=2x^2+4x-3$

```
a= 2 ,b= 4 ,c=-3
(-1 ,-5 )

10:CLEAR
20:INPUT "a=";A
30:INPUT "b=";B
40:INPUT "c=";C
50:LPRINT "a=";A;",b=";B
   ;",c=";C
60:X=-B/(2*A)
70:Y=C+0.5*B*X
80:LPRINT "(";X;",";Y;")
   "
90:END
```

The River of mathematics on integral number "zero"

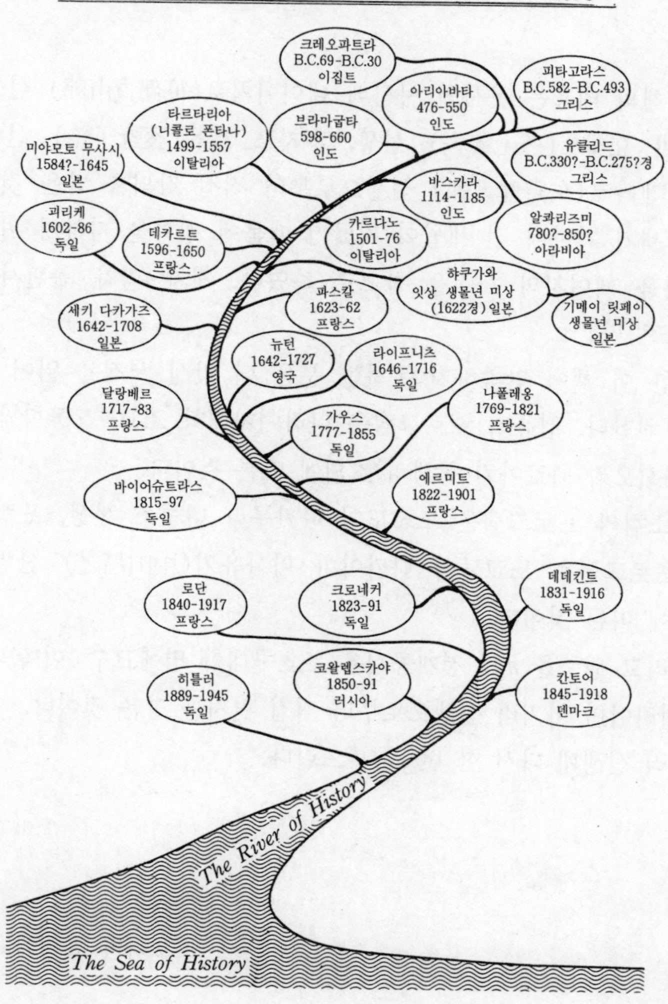

맺는말

이 책의 내용은 은사인 사사베 데이이치로(笹部貞市郎) 선생, 미카미 요시오(三上義夫) 선생, 후지노 료유(藤野了祐) 선생, 야노 겐타로(矢野健太郎) 선생으로부터 직접 강의를 받은 것인데 반세기 가까이 긴 세월이 지났기 때문에 정확을 기하기 위하여 다음 페이지의 서적을 참고로 하였다. 저자·역자·출판사에 감사드린다.

또한 이 책에 만족하지 못하는 분은 더 앞선 서적을 읽어 볼 것을 권한다. 컴퓨터 프로그램은 나라여자대학 조교수·공학박사인 니시오카 히로아키 선생의 호의에 따른 것이다.

퍼스컴의 프로그램은 도쿄도의 나카무라 다쿠조 선생, 포켓컴의 프로그램은 도쿄도의 나카야마 마사유키(中山昌之) 선생의 호의에 따른 것이다.

그리고 원주율 π의 전개공식은 도호쿠대학 명예교수·이학박사인 히라야마 아키라 선생으로부터 직접 편지를 받은 것이다.

여러 선생께 다시 한 번 감사 드린다.

호리바 요시카즈

참고서

『茶の間の數學』笹部貞市郎/聖文社
『大日本百科事典（ジャポニカ）』/小學館
『岩波國語辭典』西尾・岩淵・水谷編/岩波書店
『數學英和・和英辭典』小松勇作編/共立出版
『新簡約英和辭典』岩崎民平編/研究社
『建設系の數學事典』堀場芳一/市ケ谷出版社
『こどもカラー図鑑（さんすう）』堀場芳一/講談社
『學習總合大百科事典（算數）』堀場芳一/講談社
『円周率πの不思議』堀場芳數/講談社（ブルーバックス）
『虛數iの不思議』堀場芳數/講談社（ブルーバックス）
『對數eの不思議』堀場芳數/講談社（ブルーバックス）

제로(0)의 불가사의
–탄생에서 컴퓨터 처리까지–

B 178

1995년 1월 20일 인쇄
1995년 1월 30일 발행

옮긴이 임승원
펴낸이 손영일
펴낸곳 전파과학사
서울시 서대문구 연희2동 92-18
TEL. 333-8877·8855
FAX. 334-8092

1956. 7. 23. 등록 제10-89호

공급처 : 한국출판 협동조합
서울시 마포구 신수동 448-6
TEL. 716-5616~9
FAX. 716-2995

ISBN 89-7044-178-6 03410

BLUE BACKS 한국어판 발간사

블루백스는 창립 70주년의 오랜 전통 아래 양서발간으로 일관하여 세계유수의 대출판사로 자리를 굳힌 일본국·고단샤(講談社)의 과학계몽 시리즈다.

이 시리즈는 읽는이에게 과학적으로 사물을 생각하는 습관과 과학적으로 사물을 관찰하는 안목을 길러 일진월보하는 과학에 대한 더 높은 지식과 더 깊은 이해를 더 하려는 데 목표를 두고 있다. 그러기 위해 과학이란 어렵다는 선입감을 깨뜨릴 수 있게 참신한 구성, 알기 쉬운 표현, 최신의 자료로 저명한 권위학자, 전문가들이 대거 참여하고 있다. 이것이 이 시리즈의 특색이다.

오늘날 우리나라는 일반대중이 과학과 친숙할 수 있는 가장 첩경인 과학도서에 있어서 심한 불모현상을 빚고 있다는 냉엄한 사실을 부정 할 수 없다. 과학이 인류공동의 보다 알찬 생존을 위한 공동추구체라는 것을 부정할 수 없다면, 우리의 생존과 번영을 위해서도 이것을 등한히 할 수 없다. 그러기 위해서는 일반대중이 갖는 과학지식의 공백을 메워 나가는 일이 우선 급선무이다. 이 BLUE BACKS 한국어판 발간의 의의와 필연성이 여기에 있다. 또 이 시도가 단순한 지식의 도입에만 목적이 있는 것이 아니라, 우리나라의 학자·전문가들도 일반대중을 과학과 더 가까이 하게 할 수 있는 과학물저작활동에 있어 더 깊은 관심과 적극적인 활동이 있어 주었으면 하는 것이 간절한 소망이다.

1978년 9월

발행인 孫 永 壽

도서목록

BLUE BACKS

BLUE BACKS

⑧⑦ 과학자는 왜 선취권을 노리는가?
⑧⑧ 플라스마의 세계
⑧⑨ 머리가 좋아지는 영양학
⑨⓪ 수학 질문 상자
⑨① 컴퓨터 그래픽의 세계
⑨② 퍼스컴 통계학 입문
⑨③ OS/2로의 초대
⑨④ 분리의 과학
⑨⑤ 바다 야채
⑨⑥ 잃어버린 세계·과학의 여행
⑨⑦ 식물 바이오 테크놀러지
⑨⑧ 새로운 양자생물학
⑨⑨ 꿈의 신소재·기능성 고분자
⑩⓪ 바이오테크놀러지 용어사전
⑩① Quick C 첫걸음
⑩② 지식공학 입문
⑩③ 퍼스컴으로 즐기는 수학
⑩④ PC통신 입문
⑩⑤ RNA 이야기
⑩⑥ 인공지능의 ABC
⑩⑦ 진화론이 변하고 있다
⑩⑧ 지구의 수호신·성층권 오존
⑩⑨ MS-Windows란 무엇인가
⑪⓪ 오답으로부터 배운다
⑪① PC C언어 입문
⑪② 시간의 불가사의
⑪③ 뇌사란 무엇인가?
⑪④ 세라믹 센서
⑪⑤ PC LAN은 무엇인가?
⑪⑥ 생물물리의 최전선
⑪⑦ 사람은 방사선에 왜 약한가?
⑪⑧ 신기한 화학매직
⑪⑨ 모터를 알기쉽게 배운다
⑫⓪ 상대론의 ABC
⑫① 수학기피증의 진찰실
⑫② 방사능을 생각한다
⑫③ 조리요령의 과학
⑫④ 앞을 내다보는 통계학
⑫⑤ 원주율 π의 불가사의
⑫⑥ 마취의 과학
⑫⑦ 양자우주를 엿보다
⑫⑧ 카오스와 프랙털
⑫⑨ 뇌 100가지 새로운 지식
⑬⓪ 만화수학소사전
⑬① 화학사 상식을 다시보다
⑬② 17억 년 전의 원자로
⑬③ 다리의 모든 것
⑬④ 식물의 생명상
⑬⑤ 수학·아직 이러한 것을 모른다
⑬⑥ 우리 주변의 화학물질
⑬⑦ 교실에서 가르쳐주지 않는 지구이야기
⑬⑧ 죽음을 초월하는 마음의 과학
⑬⑨ 화학재치문답
⑭⓪ 공룡은 어떤 생물이었나
⑭① 시세를 연구한다
⑭② 스트레스와 면역
⑭③ 나는 효소이다
⑭④ 이기적인 유전자란 무엇인가
⑭⑤ 인재는 불량사원에서 찾아라
⑭⑥ 기능성 식품의 경이
⑭⑦ 바이오 식품의 경이
⑭⑧ 몸속의 원소여행
⑭⑨ 궁극의 가속기 SSC와 21세기 물리학
⑮⓪ 지구환경의 참과 거짓
⑮① 중성미자 천문학
⑮② 제2의 지구란 있는가
⑮③ 아이는 이처럼 지쳐 있다
⑮④ 한의학에서 본 병아닌 병
⑮⑤ 화학이 만드는 놀라운 기능재료
⑮⑥ 수학 퍼즐 랜드
⑮⑦ PC로 도전하는 원주율
⑮⑧ 사막의 낙타는 왜 태양을 향하는가
⑮⑨ PC로 즐기는 물리 시뮬레이션
⑯⓪ 대인관계의 심리학
⑯① 화학반응은 왜 일어나는가
⑯② 한방의 과학
⑯③ 초능력과 기의 수수께끼에 도전한다
⑯④ 과학·재미있는 질문 상자
⑯⑤ 컴퓨터 바이러스
⑯⑥ 산수 100가지 난문·기문 3
⑯⑦ 속산 100의 테크닉
⑯⑧ 에너지로 말하는 현대 물리학
⑯⑨ 전철 안에서도 할 수 있는 정보처리
⑰⓪ 슈퍼 파워 효소의 경이
⑰① 화학오답집
⑰② 태양전지를 익숙하게 다룬다
⑰③ 무리수의 불가사의
⑰④ 과일의 박물학
⑰⑤ 응용초전도
⑰⑥ 무한의 불가사의
⑰⑦ 전기란 무엇인가
⑰⑧ 0의 불가사의

도서목록

현대과학신서

도서목록

자연과학시리즈

4차원의 세계

청소년 과학도서

위대한 발명·발견

바다의 세계 시리즈

바다의 세계 1 ~ 5

교양과학도서

노벨상의 발상
노벨상의 빛과 그늘
21세기의 과학
천체사진 강좌
초전도 혁명
우주의 창조
뉴턴의 법칙에서 아인슈타인의 상대론까지
유전병은 숙명인가?
화학정보, 어떻게 찾을 것인가?
아인슈타인—생애·학문·사상
탐구활동을 통한—과학교수법
물리 이야기
과학사
자연철학 개론
신비스러운 분자
술과 건강
과학의 개척자들
이중나선
화학용어사전
과학과 사회
일본의 VTR산업 왜 세계를 제패했는가
화학의 역사
찰스 다윈의 비글호 항해기
괴델 불완전성 정리
알고 보면 재미나는 전기 자기학
금속이란 무엇인가
전파로 본 우주
생명과 장소
잘못 알기 쉬운 과학 개념
과학과 사회를 잇는 교육
수학 역사 퍼즐
물리 속의 물리
Morgan과 초파리
세계 중요 동식물 명감